# AI 應用全解
## 跨越技術與生活的邊界

王海屹 著

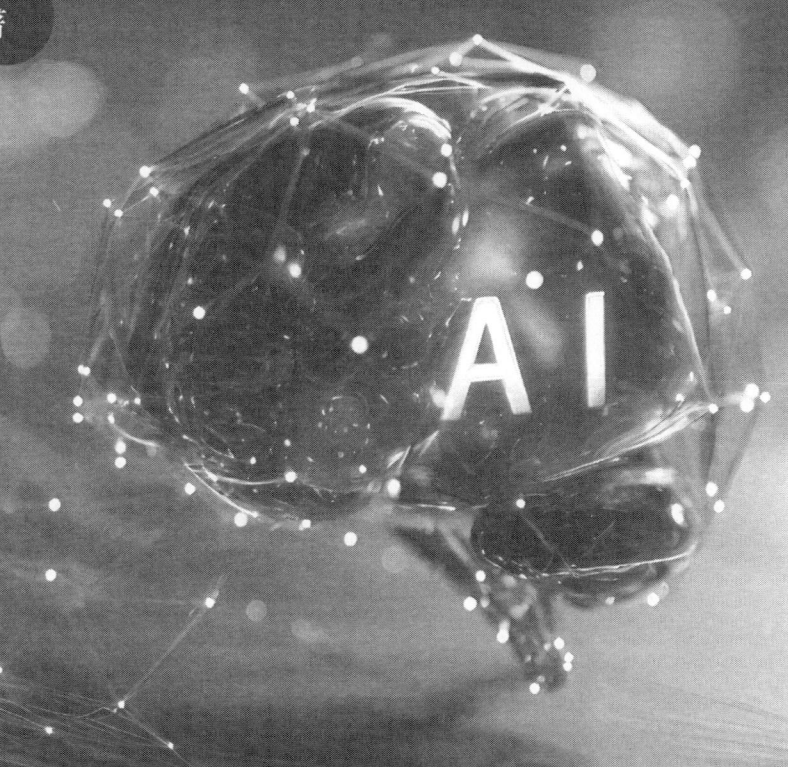

場景、技術、人性思考……融入生活與產業，全面理解 AI 的技術與應用脈絡

從日常生活到工作安排，
人工智慧如何真正服務於我們的現在與未來？

**理論 × 案例 × 趨勢……**
**系統化五步驟與案例解構，在變革時代將 AI 價值最大化！**

# 目 錄

■ 推薦語　　　　　　　　　　　　　　　　　　　　　　005

■ 前言　　　　　　　　　　　　　　　　　　　　　　　009

■ 第 1 章　重新認識人工智慧　　　　　　　　　　　　　015

■ 第 2 章　人工智慧的基礎概念　　　　　　　　　　　　069

■ 第 3 章　人工智慧如何應用　　　　　　　　　　　　　109

■ 第 4 章　五大 AI 應用案例分享　　　　　　　　　　　197

■ 第 5 章　AI 應用的挑戰與未來展望　　　　　　　　　255

■ 後記　　　　　　　　　　　　　　　　　　　　　　　295

目錄

# 推薦語

　　從 2016 年開始，電腦視覺辨識領域獲得巨大進展，人工智慧成為熱門的技術趨勢，人工智慧工程師人才需求大漲，但在往後五年，人們期待中的更多場景，人工智慧應用卻發展緩慢。人工智慧技術實用嗎？能解決生活和工作中的什麼問題？人工智慧應用如何應用實踐？作者透過對各類場景任務進行詳細描述和拆分，發現人工智慧應用實踐的具體環節，系統總結了五個具體步驟，對需要了解人工智慧應用的行業人士和人工智慧應用開發者，有很大的啟發價值。

—— 蔣濤

　　人工智慧蓬勃發展的今天，各行各業還都在尋找合適的應用方向。從機器學習到深度學習，技術只有和實際的場景結合，才能發揮價值；如果被束之高閣，則無法推動行業的迭代（迭代）和發展。本書作為科普人工智慧技術的書籍，透過實際案例來講解人工智慧技術應用的步驟，帶領讀者走近人工智慧、了解人工智慧。作者寫出多年來從事人工智慧相關工作的感悟和經驗，是一本很具實用性的書籍。

—— 楊鵬

　　這本書既不完全像講人工智慧概念的科普型讀物，又不像枯燥的教科書，而是介於兩者之間。作者用親民的應用場景舉例，深入淺出地整理人工智慧技術。本書既適合有技術功底、想要踏進人工智慧大門探索的工程師，又適合正在學習技術的學生，對希望深入了解當下人工智

### 推薦語

慧行業熱門話題及其他創新技術概念的人來說,也是一本不錯的進階讀物。

—— 王震翔　創新工場人工智慧領域投資人

人工智慧技術正在快速地與各領域融合發展,不斷改變我們的工作和生活方式,成為備受關注的技術領域。作者透過通俗、生動的語言,用生活化的案例,大幅降低人工智慧技術的學習成本。透過閱讀本書,能夠讓你知其然,並知其所以然,對人工智慧有更為全面的認知,也能夠幫助你開啟自己的人工智慧之旅,探索自己在人工智慧浪潮下的無限可能。

—— 齊賀

人工智慧演算法有一張唬人的數學外表,但「大道至簡」,一切本質都應該是簡單易懂的。人工智慧發展到今天,已經無處不在了,但是它的應用仍然對普通大眾有著較高的門檻。本書作者透過自己長期的實踐,不僅能夠深入淺出,將人工智慧中的技術,用通俗易懂的語言講解出來;還透過實際案例,講解人工智慧應用的步驟和評估方法。本書既是一本不錯的技術實踐指導書籍,又是一本適合給對人工智慧感興趣的人閱讀的科普讀物。

—— 翟俊傑

人工智慧可以稱為 21 世紀的一張「名片」,隨著人工智慧快速發展,各行各業都在擁抱人工智慧。這本書從人工智慧的產生和發展出發,詳細地解讀人工智慧技術的實際應用,並結合自身經驗,幫助讀者將人工

智慧具體應用到自己的領域裡。這是一本幾乎所有人都能讀懂的人工智慧科普書籍，深入淺出地講解了人工智慧的創新和應用。

—— 張建勝

一本深入淺出的實用科普書籍。本書能讓一個人工智慧「小白」迅速進階，開始對人工智慧有全方位的理解。沒有枯燥乏味的說教，作者用生動易懂的語言娓娓道來。讀完本書，能讓你感到人工智慧不再只是腦海中一個模糊的概念，你會漸漸揭開它神祕的面紗，讓它變成一顆熠熠生輝的珍珠，收藏在你知識的抽屜中。

—— 劉璽

近年來大眾對人工智慧期待甚高，甚至出現「人工智慧取代人類」的擔憂。而實際上，我們處在弱人工智慧時代，因為人工智慧商業應用需要諸多條件。本書為大家撥開人工智慧的迷霧，提供了全面的視角，闡述人工智慧應用的現狀、局限及技術原理，讓人工智慧不再「高高在上」。推薦人工智慧愛好者和有志進入人工智慧行業的從業人員閱讀。

—— 劉樂

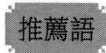

# 前言

從只能完成特定任務的語音助手，到接近真人交流體驗的對話機器人；從依託電腦「蠻力」計算的「IBM深藍」，到擊敗圍棋世界冠軍的AlphaGo，再到能夠創作小說、行銷文案，甚至總結、分析、寫程式碼的大語言模型的應用……人工智慧（Artificial intelligence，AI）從最初的概念，到如今逐漸在各行各業應用，正在融入我們的生活。

在人工智慧快速發展和應用的浪潮中，你也許會有很多困惑：

人工智慧為什麼能夠在很多場景中做得比人更好？

為什麼平時接觸到的人工智慧顯得有點「智障」，不像新聞裡描述的那樣「無所不能」？

如何選擇合適的人工智慧技術來滿足自己的需求？

如何找到有價值的人工智慧場景應用？

人工智慧技術的邊界到底在哪裡？

……

你也許會有一些恐慌：

人工智慧會不會取代我的工作？

人工智慧會不會產生自我意識，從而有一些超出我們預期的行為？

競爭對手利用人工智慧技術的實際應用，會不會在競爭中「占得先機」？

不懂人工智慧、不懂技術，會不會對職業前景不利？

## 前言

……

本書將嘗試回答以上問題。

本書既不介紹人工智慧的發展歷史，也不會講解閱讀門檻高的技術知識，更不是一本人工智慧科技公司宣傳介紹性質的書，書中內容的重點在於和「你」進行溝通，讓你了解在人工智慧時代，你能夠做什麼，需要掌握哪些技能，以及如何讓技術為自己服務。

我有一個觀點想說在前面：

**人工智慧不是解決一切問題的「靈藥」。**

有人覺得人工智慧可以解決我們遇到的所有問題，這種觀點是非常理想化的。人工智慧技術有很多分支，每種技術的應用場景，都有自己的「邊界」，有具體的適用範圍和條件，比如深度學習中的「卷積神經網路」模型適用於「圖像」相關的場景（如圖像分類、人臉辨識、行人檢測等），但對文字類內容的處理，則不如「循環神經網路」相關模型那樣更適合。

具體的演算法解決具體的問題，我們從人工智慧應用的過程來看，可以發現，它遵循既定的計算方法（數學），從數據中學習（演算法）特定的規律，並在實際場景中應用。人工智慧除了是一門學科和技術應用外，還是一項數據組織和使用的「方法論」。隨著各行各業的數據量與日俱增，以及電腦計算能力的提高，所有涉及數據應用的場景，都會使用人工智慧技術來對數據進行處理、加工和應用，對場景下的問題進行整合、分析、生成。人工處理一是無法滿足大批次數據處理對速度、時效性的要求，二是人力也難以同時並行處理巨量的即時數據。因此在未來，我們需要人工智慧來完成數據從蒐集到消費的完整過程，而人只需

要定義好場景中的規則和邊界條件。未來在各個場景中，都會依賴數據給出指導、最佳化，提高場景中資訊、物體流轉和處置的效率。

因此，可以說「**人工智慧是未來的基礎設施**」。

希望你在閱讀本書期間，能夠對以下問題形成自己的思考：

人工智慧技術現在都能用來做什麼？

人工智慧技術未來會往哪個方向發展？

人工智慧和人腦相比，有什麼優勢和劣勢？

我能夠利用人工智慧做什麼？

有哪些事情可以讓人工智慧幫我做？

人工智慧怎麼幫我完成這些事情？

若想在具體場景中搭建我的人工智慧助手，我需要做些什麼？

平時生活和工作中的哪些場景，可以透過人工智慧來提高效率？

市面上有這麼多人工智慧產品，哪些是對我有用的，該如何選擇？

……

本書的內容將會按照如下的章節結構展開，為你開啟一場「特殊」的人工智慧之旅：

第 1 章介紹人工智慧的局限和優勢，以及你應該如何看待人工智慧。

第 2 章透過對比介紹和實例，向你展示「人工智慧思維」以及具體的人工智慧技術，之後剖析人工智慧系統的結構，為後續拆解人工智慧應用的具體方法論做鋪陳。

第 3 章是本書的重要章節，先介紹人工智慧應用的重要領域和具體步驟，並透過具體案例來加深你對人工智慧應用的理解；後介紹評估人

工智慧應用價值的方法。技術實踐是追求投入／產出比的，應用實踐的過程不是為了追求高科技，而是因為技術應用在場景後能產生比較優勢。最後介紹評估方法，可以讓你以「價值」為驅動，讓人工智慧應用在真正需要的地方。

第4章透過五個具體的應用場景，按照第3章提出的「人工智慧應用步驟」，介紹在這些場景中，人工智慧應用具體怎麼做、應該如何思考？透過具體案例的拆解和整理，加深你對「人工智慧應用步驟」的認知，讓你能舉一反三，知道在其他場景中，如何找到適合應用的人工智慧技術，並遵循合理的步驟，來完成人工智慧的具體實踐。

第5章為你展開介紹人工智慧發展目前的困境及展望未來發展的方向，讓你了解人工智慧的「現在」和「未來」。

在為你講解的過程中，我會時刻穿插案例，以輔助你理解本書內容，同時也會將人工智慧和你所熟知的事物做對比，幫助你更容易理解相關「技術名詞」和「思考方法」。如果你不是科技行業從業者，但對人工智慧感興趣，那本書可以帶你走進人工智慧，了解不同人工智慧技術的優缺點、應用範圍及應用步驟；如果你是人工智慧行業的從業者，對技術有一定的了解和認知，那本書可以讓你更全面地了解人工智慧，細化人工智慧產品化應用需要注意的地方，並且在人工智慧未來的發展方向上，給予一些啟發。當然身為一個人工智慧行業的從業者，我也希望你能夠在閱讀本書後，無論是對人工智慧有不同的觀點和疑惑，還是對書中內容有不清楚的地方，都能夠敞開和我交流。

人工智慧是一個快速發展的行業，新觀點、新技術、新的應用場景，都急待我們去探索和思考。這本書寫作的唯一目的，就是能夠促進

你對「人工智慧應用」的理解，推動你在需要的地方，成功「應用人工智慧」。

技術不和具體的場景結合，是無法產生價值的。

謹以此書獻給想要「透過人工智慧改變未來」的你。

王海屹

# 第 1 章
# 重新認識人工智慧

　　作為本書的開篇章節，先結合人工智慧應用的角度，解答一些很多人心中的「疑惑」：為什麼人工智慧會成為未來科技發展的主流，科技公司投入建設了很多？人工智慧能做什麼，不能做什麼？我們應該如何正確看待人工智慧？在這一章中，我將結合身邊熟悉的場景來詳細回答這些問題，讓你能夠對人工智慧有正確的認知，同時知道它怎麼和我們身邊的場景結合，以產生價值。

第 1 章　重新認識人工智慧

# 1.1　為什麼說人工智慧「特殊」

## 1.1.1　人工智慧為什麼重要

**人工智慧已經成為驅動經濟成長和產品升級的引擎。**

在政策層面，政府積極透過投資引導、產業基地支援、國際開拓等切實方式，援助人工智慧企業大力發展，助力人工智慧企業「走出去」，成為世界一流的企業。放眼海外，美國科學和技術政策辦公室在 2019 年春季釋出了由美國總統簽署的《美國人工智慧倡議》(*American AI initiative*)，也是希望人工智慧能夠推動美國的經濟發展，改善人民的生活品質；2017 年 5 月，新加坡國家研究基金會 (NRF) 也宣布推出「AISG」國家人工智慧計畫，並在未來五年，投入高達 1.5 億新加坡元 (約 1.1 億美元) 的資金，以提升新加坡的人工智慧實力；加拿大、法國、韓國、日本等國，也在近年推出自己的人工智慧策略發展計畫。

在人才培養上，有越來越多大學設立人工智慧科系，為人工智慧行業培養技術、產品人才，以補充目前行業的人才缺口。

人工智慧作為未來核心發展的技術之一，當前處於機會多、人才缺、場景缺的狀態，各行各業都在推動人工智慧應用、尋找場景和機會。雖然目前在很多場景下，人工智慧的價值難以被準確衡量，很多領域的數據資產管理能力欠缺、複合型人才匱乏，但無論是從政策、市場需求，還是從產業發展的角度來看，人工智慧都是現在的「風口」。

## 1.1 為什麼說人工智慧「特殊」

對個人來說，為什麼需要人工智慧？

一來，誰都想要更輕鬆的生活，人們喜歡「茶來伸手，飯來張口」的生活。人工智慧能透過你的行為數據，了解你、幫助你，在你需要的地方提供服務，也能自動化幫助你做很多事情，比如推薦消磨時間的活動、編輯整理數據等。

二來，工作、生活中存在很多乏味的重複性「工作」，這些工作每天在消耗我們的耐心，但又不得不去做。比如我們可以將有無掃地機器人或洗衣機的生活進行對比，就可以感受到，這些非創造性的工作，既阻擋了我們發揮人腦的創造性，又占用我們陪伴家人的時間。如果由機器「替代」我們做這些乏味、耗時的重複性工作，豈不是可以大大提高生活滿意度？

對企業來說，為什麼需要人工智慧？核心原因是「降低成本」和「提高效能」。

網路高速發展的背景下，衣、食、住、行等各個方面都在經歷資訊化、數位化建設，產生大量難以人為處理的數據，這些數據蘊藏了人們的行為、喜好、信用等非常有商業價值的資訊，對這些數據的處理和分析，需要人工智慧。人工智慧讓機器可以從經驗中學習，適應新的輸入，並執行相應的任務，大大提高企業內的生產效率，更能為企業的使用者服務。無論是為使用者推薦喜歡的商品、活動，還是使用人工智慧視覺技術自動輸入文字資訊，提高員工工作的自動化程度，都是在提升企業執行的效率，降低人力投入和時間消耗的成本。

效率提升，才能帶來企業服務能力的提升。何況，如果自己的企業不用新技術，但競爭對手用了，則新技術帶來的「比較優勢」，可以形成

## 第 1 章　重新認識人工智慧

壓倒性的競爭優勢，比如對企業內的重複性工作，如監控設備安全、巡邏等任務，機器可以做到 24 小時無差別工作，而依靠人工，是難以實現的。

對資訊的處理和利用來說，人腦接受資訊的能力是巨大的。人腦透過視覺輸入、解讀一張圖片的速度是 13 毫秒左右，假設人眼輸入的畫素有 10 億個，那麼核算下來，一張圖片的輸入就是 953.67MB，這樣大概每秒可以輸入的資訊量為 70 多 GB[1]。

輸入的資訊包含以下三個部分：

第一部分是常識類資訊，這些資訊是高度抽象化的、多元資訊的連接，比如提到「一隻貓」，頭腦中就會出現多元資訊（圖像、文字、聲音，甚至撫摸貓的毛茸茸的手感）的描述。常識類資訊的特性，使這部分資訊易於傳播。

第二部分是經過人腦處理得到的感知資訊。由常識類資訊為基礎組成單位，比如「一隻在爬樹的小貓」，就是人腦將歷史提煉並固化的常識類資訊組在一起，形成了對資訊的認知。第三部分是潛藏在圖像中的關聯式資訊。這些資訊無法用語言描述，也難以經由人的知識和認知進行總結，因此很難成為人們可以重複使用的知識。關聯式資訊表達了物體和物體間、物體和時空間的一定關聯，機器善於學習和挖掘這些資訊。

在語言表達上，就算是說話最快的人，每秒最多輸出 5 個字；打字最快的人，每秒最多輸出 20 個英文字母。顯然，我們輸出資訊量的能力，限制了資訊的傳播，因此，只有高度抽象的資訊，才會被我們日常傳播，這些資訊只占日常輸入很小的一部分。剩下的大部分潛藏的關聯式資訊，就是需要我們藉助機器提取和辨識的。人工智慧從數據中學到

## 1.1 為什麼說人工智慧「特殊」

的規律和「知識」，其中有很多難以被人腦理解，但這些資訊是可以輕易被大規模複製和使用的經驗。因此從資訊的傳播和利用的角度來看，我們需要人工智慧，尤其是對數據中隱含的相關關係，我們既難以準確認知，又無法清楚描述，更需要人工智慧。

人工智慧為機器帶來五個方面的能力（見表1-1）。

表1-1 人工智慧為機器帶來的能力

| 能力 | 說明 | 舉例 |
| --- | --- | --- |
| 知識 | 從資訊中挖掘並展示人腦無法處理的數據之間的關聯 | 藥物研發、新聞推薦、防詐欺 |
| 推理 | 學習數據中潛在的關聯、因果關係 | 資產評估、人工智慧診療 |
| 感知 | 辨識圖像、影片和音訊內容 | 無人駕駛、環境監控、安全防護機器人 |
| 溝通 | 理解自然語言並和人溝通 | 語音控制、聊天機器人、即時翻譯 |
| 規劃 | 根據目標和實施情況即時規劃任務 | 計程車派車系統、物流排程最佳化 |

擁有這些能力，不僅能夠在未來讓你擁有虛擬個人管家，就像電影《鋼鐵人》(Iron Man)裡面的賈維斯一樣，幫你安排生活、清理房間

第 1 章　重新認識人工智慧

等，還能在工作中輔助你自動生成會議紀要、製作 PPT、尋找和解釋數據……

所以，你為什麼需要人工智慧？想必你已經有了自己的答案。

## 1.1.2　人工智慧是什麼

很多書籍、文章經常把人工智慧的技術原理和實現方式講解得很深入，包含很多計算公式和專業名詞。這對專業技術開發者來說，可以幫助他們理解人工智慧技術的底層原理和架構，但對更多不懂技術的讀者來說，可能因為「公式」和「名詞」深奧，使他們最終依舊對人工智慧感到困惑和不理解。接下來我將透過通俗易懂的語言和熟悉的例子來講解人工智慧。

先帶大家看幾個人工智慧領域的常見名詞：

1) **人工智慧**：讓機器能像人一樣「思考」，解決現實中的問題。

2) **演算法**：解決某個問題的具體步驟、指令、動作。面對同一個問題，可以有不同的解決方法，因此，解決同一個問題會有不同的演算法。不過，不同演算法解決問題的效率和程度，是不一樣的。

3) **人工智慧演算法**：透過人工智慧技術來解決某個問題的方法及步驟。

4) **模型**：廣義上是指，透過主觀意識、藉助實體或虛擬表現構成的、闡述形態結構的一種表達目的的物件。這樣描述看起來難以理解，暫時不用管它。在本書討論的範圍內，「模型」是指將演算法透過程式設計實

現，得到用於處理任務的電腦程式。打個比方，如果把我們需要處理的問題場景比喻成「戰爭」，那「演算法」就好比作戰時的指導思想，而「模型」就好比實際上場的「兵」和「陣」。

5）**人工智慧模型**：透過人工智慧演算法實現的、用於處理具體問題的電腦程式。

6）**特徵**：物體的具體描述。一個人的特徵可能是濃眉、大眼、戴黑框眼鏡等。

7）**權重**：在一個問題中，不同特徵對該問題的貢獻程度。比如假設我們根據衣著判斷性別，可將人分為四類：穿褲子的女生、穿裙子的女生、穿褲子的男生、穿裙子的男生。根據日常經驗得知，穿裙子的，有較高機率是女生，即從客觀統計上來看，用「穿裙子」這個特徵判斷一個人「是不是女生」，機率很大。

除了這些名詞之外，大家最常聽到的當屬「機器學習」和「深度學習」。

**機器學習**是人工智慧的實現方式之一，讓機器從數據中學習，然後在真實場景中進行預測和使用。深度學習是機器學習的一部分，是一種特定類型的神經網路演算法的統稱，關於深度學習的詳細介紹，請見 2.2.3 小節。相比於機器學習，深度學習主要省略了定義特徵的工作，讓機器從數據中自己完成「特徵定義」和「模型最佳化」兩項任務。

人工智慧、機器學習、深度學習三者之間的關係，如圖 1-1 所示。

## 第 1 章　重新認識人工智慧

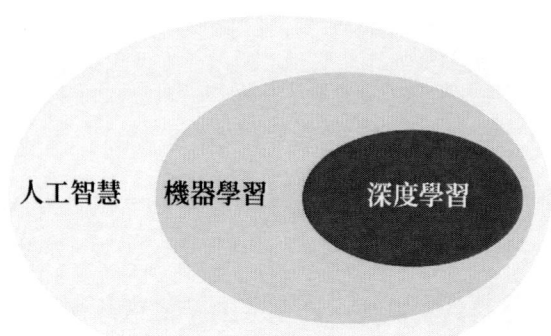

圖 1-1 人工智慧、機器學習、深度學習三者之間的關係

面對同樣的問題,「人工智慧演算法」和「傳統的電腦演算法」有什麼差別呢?這個差別讓你能夠很直觀地感受到人工智慧的特性。過去,當我們想要透過電腦完成物體辨識任務時,需要清楚定義步驟及每一步需要辨識的特徵;而人工智慧是從結果出發,在結果中學習需要的「步驟」。比如辨識一輛汽車,過去需要分別辨識車輪、車身、擋風玻璃等,然後把它們組合在一起,判斷是不是車;而人工智慧透過深度學習技術,藉助大量標注好的圖像數據來辨別。例如,藉助 100,000 張標注為「車輛」的照片和 100,000 張標注為「非車輛」的照片,人工智慧演算法透過「學習」來調整模型中不同網路層的參數。在這個過程中,模型彷彿透過計算,會給出「是不是車輛」的判斷,如果判斷的結果和圖片標注的不一致,那就透過調整模型的參數,來讓人工智慧模型朝「給出正確判斷」的方向調整。在人工智慧學習的過程中,我們只需要給出標注好的圖片及演算法模型的結構即可,不再需要人工定義「車」的特徵。

### 1.1.3　生活中的人工智慧可以幫你做什麼

臉書（Facebook）的創始人祖克柏（Mark Zuckerberg）曾在 2016 年度挑戰中，為家裡打造一款人工智慧管家——Jarivs。這款耗時 100 多小時開發的家庭智慧管理系統，透過語音對話的形式輸入控制指令，並結合智慧硬體設備，為他的生活帶來便利，比如透過語音打開或調整室內燈光、點播歌曲等。人工智慧可以充當私人助理、貼身管家，可以根據人的身體狀態、心情、周圍環境，做出合理的規劃和推薦。結合智慧硬體和感測裝置，人工智慧可隨時檢測人的身體狀態，為人們提供飲食、衣著等方面的參考。

想像未來有一天：

清晨，你的「智慧睡眠助手」透過循序漸進的鬧鈴音樂將你喚醒，並對你說：「昨晚你的睡眠品質還不錯，不過你的鼻子呼吸不通暢，……」；當你走進盥洗室盥洗時，人工智慧助手自動幫你擠好了牙膏，鏡子裡內建的攝影機掃描到你的臉部狀態，為你選擇適合目前皮膚狀態的洗面乳，以及塗抹的護膚品；當你走回房間後，人工智慧助手根據你的身體健康狀況及營養攝取的需求，為你準備早餐；吃完早餐後，人工智慧助手根據你的穿搭喜好、日程安排和天氣情況，為你搭配好今天的衣著，晚些時候會有降雨，人工智慧助手還在你的公事包裡添加雨傘；到了上班時間，你乘坐一輛自動駕駛的汽車，它已自動設定好目的地，並在大螢幕上為你呈現當天的工作計畫、行程安排，你可能感興趣的新聞內容，也呈現在車內的大螢幕上，你閉目養神，選擇讓它自動為你讀出新聞……

在生活中，這樣具體的場景會有很多，不同場景所需要的人工智慧技術，也不盡相同。除了演算法外，人工智慧需要感測裝置接收外部指

## 第1章　重新認識人工智慧

令的輸入，如攝影機、麥克風等作為它的「感官」，它也需要機械設備、顯示設備等作為「手」和「腳」，來為我們提供服務。

人工智慧在生活中能夠應用的方面，大致如下：

**1. 資訊的整合、過濾、推薦**

我們每天都會從外部獲取很多資訊，新聞、時事、科普資料等，在「資訊爆炸」的當下，我們每天要看的資訊經常看不完，常常抱著手機，生怕錯過重要的消息。但這些資訊中，有多少比例是對你有用的？很多人也因此產生了資訊焦慮。人工智慧作為生活中最懂你的「人」，可以成為幫助你過濾資訊的助手。透過你的閱讀行為紀錄、愛好等「歷史數據」，人工智慧從網路上篩選出你需要的和感興趣的資訊，再對資料進行匯總、分級，過濾無效資訊後，生成重要資訊簡報，即時推送給你；基於大語言模型的聊天機器人服務，能夠快速生成一大段摘要，讓你快速獲取重要內容；你也可以在休息時，藉助自己的人工智慧助手，透過語音或文字，將感興趣的新聞整合成一份簡報。

**2. 監測身體、環境狀態的智慧監控**

智慧手錶、智慧手環、智慧眼鏡等可穿戴裝置，可以監測你的身體指標，比如最常見的心律、脈搏等，但我們更需要從這些指標中得到指導、建議，以及在了解周圍人和環境的狀態後，判斷應該如何行動。藉助人工智慧的能力，可以在可穿戴裝置監測數據的基礎上，提供以下兩種功能：

一是透過人工智慧感知外界狀態，作為你自身感知能力的延伸。比如亞馬遜（Amazon.com）的 Halo 聲控手環，內建一個麥克風，可以在接收到使用者的聲音資訊後，分析出使用者當前的情感狀態，提醒穿戴

者如何在特定情感狀態下與他人更良好地溝通。也能夠根據身體檢測指標，做出飲食方面的指導建議，或監測周邊環境，並即時將潛在的「危險」告知你。

二是即時監測身體狀態。當你的身體狀態出現異常時，它能夠即時通知你；透過蒐集個人身體數據，它也可以給出更好的日常鍛鍊方案，訓練對應的個性化模型，為你提供專業化的指導建議。比如人工智慧會根據你的肌肉狀態、體脂率等指標，以及工作勞累程度和所處環境，為你推薦健身課程。

### 3. 處理體力工作

人工智慧會替代那些效率低、繁雜的體力工作，如掃地、洗碗、擦桌子、整理房間……這些生活中的「小事」，與生活品質息息相關，但這些每天都要重複進行的體力工作，會占用學習、工作的時間，隨著智慧機器人的發展，這些「體力工作」已經逐步轉交給人工智慧機器人。目前的家用機器人都專注於某個具體的功能，如洗碗、洗衣、掃地，人透過遙控器、控制按鈕或語音來控制設備的開關，這些設備不具備「智慧」。未來這些家用機器人的「智慧」，展現在兩個方面：

**1) 統一控制，協同作業**：在未來，家用智慧裝置將透過一個統一的「入口」進行控制，各個智慧家用裝置將接受統一的調控和規劃。這麼做的好處，是不同裝置之間會產生「聯動」，具備不同功能的硬體設備在一起工作，比如當主人喝湯，灑在木地板上，先需要掃地機器人完成清理，後需要保養維護木地板的機器人跟進，這種「協同作業」，無須人為啟動不同的家用機器人來完成任務，而是統一的「入口」會根據對家中環境的監測，自動呼叫家中的設備來處理。

### 第 1 章 重新認識人工智慧

2) **無須人為控制**：可以自動檢測當前環境是否需要家用機器人開始工作，進而在適合的時機自動完成（如家中有人休息時，掃地機器人不適合工作）。

**4. 處理資訊整合、分析、生成等簡單的智力活動**

人類不擅長的、需要大量重複性工作的場景，如搜尋、大規模平行計算，都可以由人工智慧完成，比如為了單一個關鍵字，瀏覽數十億個網頁來整合關鍵資訊；或透過迭代計算，求路徑規劃問題的最佳解；又或者在人工提示的情況下，生成行銷創意文案和續寫小說……這些任務都有明確的操作步驟及目標，執行這些任務的操作步驟和結果是明確的，所以現階段的人工智慧就可以幫你做這些事。

## 1.1.4　工作中的人工智慧可以幫你做什麼

隨著越來越多傳統企業轉型，及企業服務類人工智慧產品應用場景增多，人工智慧技術也被逐漸應用到日常工作中。很多人恐慌人工智慧會因「高效率」、「無休息」的特點，在很多工作職位上「取代」或「打敗」人類，但總體來說：

人工智慧不會單純取代「勞動力」，而會輔助提高人們的工作效率。

人工智慧可以完成工作中重複性高、危險性高的部分，也可以當目標明確時，做簡單的創作型工作，如當前有的人工智慧工具可以生成圖像。人工智慧的能力來自「數據」，機器學習和深度學習所遵循的正規化，就是「數據擬合」，都是以統計學、機率論為核心的機率模型，簡言

## 1.1 為什麼說人工智慧「特殊」

之,即從數據中找到「對應關係」。大語言模型(LLM)也是在被訓練了千百萬次之後,可以根據上文內容來不斷預測下文內容。因此人工智慧無法主動定義任務,也無法在未經數據訓練的條件下產生創造力,只能在工作中作為助手來提高效率。

人工智慧主要從以下四個角度改變我們的工作方式,如圖1-2所示。

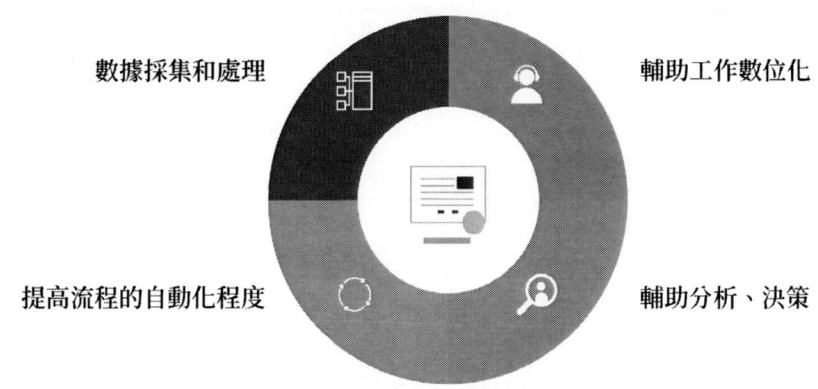

圖1-2 人工智慧在工作中可發揮的作用

### 1. 數據採集和處理

從資訊採集和輸入,到數據加工處理,在很多企業中,這些環節還是依賴企業員工手動完成,透過自動化的方式,完成數據的採集和處理,能夠有效提升企業內數據流轉的效率。比如,財務人員依然需要輸入發票資訊,人力操作中,難以避免會出現誤差和錯誤。使用OCR(Optical Character Recognition,光學字元辨識)和圖像辨識技術,只需對著紙質票據進行掃描或拍照,就能自動將票據圖像「翻譯」為結構化數據,並對數據進行自動預處理、表單輸入,財務人員可以根據企業需求,自動歸類票據並儲存影像,不僅使重複性輸入數據的工作效率大大提高,還降低了潛在輸入出錯的風險。

## 第1章　重新認識人工智慧

### 2. 輔助工作數位化

我們在工作中都會遇到手動整理數據的場景，如編寫會議紀要、工作日程安排、需求文件等，使用語音和自然語言處理等技術，人工智慧可以自動幫助我們整理資料，提取重要內容，安排日程計畫等，從而輔助自動安排日常工作。人工智慧也可以輔助檢索、整合資訊，生成文件報告、安排會議等，減少我們花費在瑣碎的、重複性、機械性工作上的時間。

### 3. 提高流程的自動化程度

需要多人合作的工作或需要多個環節處理的工作，透過人工智慧技術，可以串聯其中資訊流轉的環節，減少或替代這些環節中人的參與，在提高業務管理效率的同時，降低人工操作的出錯率。以電子商務中「商品素材最佳化」的工作流程舉例，電商企業往往為了提高商品的點閱率和轉化率，會由設計人員 (UI) 和專業的電商營運人員，對「商品圖片」、「標題」等內容不斷進行最佳化，整個最佳化的過程，可以拆分為「素材製作」、「投放計畫方案設計」、「素材實驗」、「效果分析」、「素材上線」五個步驟，並在日常工作中不斷重複這五個步驟，共需要設計人員、營運人員、數據分析師等約 5 人，而完成一輪素材最佳化工作，需要 1～2 週。在這個工作流程中，涉及人工處理的「素材製作」和依託數據的「素材實驗」、「效果分析」步驟，目前可以藉助人工智慧完成。該案例的工作流程自動化的介紹，請參考 4.5 節內容。

### 4. 輔助分析、決策

在很多專業化程度高的領域，如貸款審核、藝術設計，人工智慧技術的應用，會受制於監管、安全性等因素，而無法完成整個工作，但我

們依舊可以利用演算法，在這些領域輔助我們。面對有大量業務數據的場景，可以透過人工智慧演算法，挖掘我們感興趣的部分，或發現一些很難透過人腦分析得到的潛在有價值資訊，來輔助我們在工作中進行決策、判斷。比如，利用圖像辨識演算法，可以從最新的時尚圖片中提取關鍵資訊，以確定圖中的物品或人物的穿著風格等，這包含上百個細節，人工智慧可為其自動生成標籤，這些生成好的標籤，可以幫助我們監測、分析潮流趨勢，發現社群媒體上的新興產品，總結出社群媒體上最熱門的時尚潮流及消費者偏好，從而幫助時尚電商和時尚品牌規劃自己的商品，作為產品生產、設計的參考。

**未來，哪些工作會被人工智慧「取代」？**

說「人工智慧取代工作」不夠準確，人工智慧不會取代「工作」，而會替我們去執行「危險」、「重複性質的體力勞動」等工作任務，提高工作效率。

**1) 危險性高的工作**：如礦井探勘、深海作業、高溫作業等，在這些環境下，由人去完成工作會有很高的風險，由人工智慧機器人替代人在這些環境中工作，可以避免環境對人體造成的傷害。這些環境中的工作內容，一般是檢測、搬運、採集等，其中需要人為決策的工作內容，可以透過網路訊號傳輸給操作人員，操作人員在非危險環境中處理。我們現在已經可以看到有各式各樣的機器人透過機械手臂來替代人工作業，此時人工智慧發揮功能的地方，主要是透過即時採集的訊號，來輔助操作人員決策，或透過攝影機等設備，對現場物體進行檢測、規劃行進道路等。人工智慧替代的是具體的實施工作，並非真正「取代」高風險環境下的工作，而是將人從工作環境中解放，讓人以類似於「人工智慧操作人員」的角色和它合作。

**2）重複性質的體力工作**：如食物、服裝、機械設備裝配的生產線，這些都屬於重複性質的體力工作，基本上，所有工作職位都會存在，就連軟體開發工程師也不例外。重複性質的工作是可以透過人工智慧自動完成的，在具體場景下，局部性精細微調和稽核工作的任務，還是需要人力把關。不同場景下，這些「重複性質的體力工作」所占的比例是不一樣的，如在商品生產的生產線上，未來發展的趨勢是自動化、無人化，而在「重複性質的體力工作」比例低的行業內，如在軟體開發工程師對程式碼的使用中，人工智慧所充當的角色，是「合作者」。當遇到開發問題時，開發者過去經常從 Stack Overflow 等開發者論壇上提問或尋找答案，現在可以透過詢問大語言模型聊天機器人來尋求答案，之後再配合搜尋引擎搜尋、編譯、偵錯來解決問題。人工智慧憑藉內容整合、分析、生成的能力，也可以為開發者補全程式碼，以及編寫一部分需要的程式碼，來提高開發者編寫程式碼的效率。

人工智慧能夠「取代」的工作**有明確的應用**「**邊界**」，是指應用場景具有下述四個條件：

解決問題有實際可操作的流程；

有明確的開始條件或明確的輸入數據；

流程中的環節流轉有明確的判斷條件；

有明確可以判斷工作完成的方法。

這四個條件都需要人來清楚定義，且流程的流轉是以數據作為判斷、分析依據，這樣才能透過人工智慧，自動把整個場景串聯起來，讓它完成工作，如圖 1-3 所示。

1.1 為什麼說人工智慧「特殊」

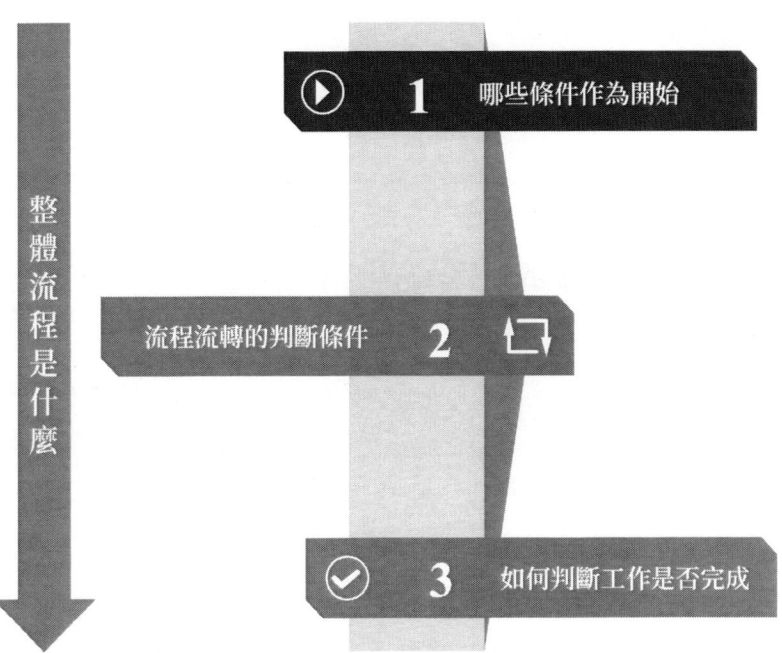

圖 1-3 人工智慧能夠「取代」工作的條件

第 1 章　重新認識人工智慧

# 1.2　人工智慧的強項與局限

## 1.2.1　人工智慧的局限和應用的依賴

　　當前階段，人工智慧能夠在一定範圍內具備推理和解決問題的能力，被稱為「弱人工智慧」（Weak AI）階段。在這個階段，人工智慧是擬人化的，從解決問題的角度上，能夠像人一樣行動，但無法具備「自我意識」，如抽象、直覺、審美、情感等。現在的技術，已經可以生產出自動駕駛的車輛，未來交通將在人工智慧城市大腦的指揮下，更加井然有序；醫學影像分析系統可以輔助醫生為病人看病；即時多語言翻譯軟體，可以幫助我們無溝通障礙地旅遊……在「感知層面」，人工智慧已經在很多領域超越人類，比如人臉辨識、語音辨識等，但它是可以執行的電腦程式，按照設計好的邏輯執行，不具備重新創造新任務的能力，也就是說，當前人工智慧無法做到以下兩點：

　　不能像人類一樣擁有「自主」意識，不能自己在場景中產生並完成任務，這樣導致人工智慧無法完成沒有預先定義的任務；

　　沒有「價值系統」，不能像人類一樣在「認知層面」依靠理性的認知或感性的情感進行決策。

　　為了更加直觀地說明人工智慧的局限，我用人腦的智慧來對比。現階段相較於人腦的智慧，人工智慧存在以下四個劣勢：

## 1.2 人工智慧的強項與局限

### 1. 低效率

人工智慧模型在執行和訓練時需要「算力」，電腦在運算時的耗能遠遠超越人腦。以「圖像辨識」舉例，為了確保人工智慧能夠達到我們想要的準確率，深度神經網路模型結構需要幾千、甚至上萬層，其中模型的參數是千萬、乃至上億級別，這意味著人工智慧在每次計算時，都要完整經過一次模型網路，需要的計算量規模也是上億級別。人腦透過化學神經傳導物質傳播，平均每秒只能傳導 200 次訊號，且每次傳輸的成功率只有 30％ 左右[2]，因此相對於人腦而言，人工智慧的計算量要遠遠多於人腦。

### 2. 難解釋

人工智慧的學習過程就像一個學生學習時只靠死記、硬背，雖然刻苦，但不理解其中的因果關係，也很難向別人解釋；雖然能夠回答問題，但換個問題，可能就不會了。目前的人工智慧，在有明確執行步驟的場景下是有效且實用的，比如文字辨識和輸入等場景，但在醫療、公共安全、法律政策等需要因果解釋的領域，因其解釋性差，而無法得到充分的信任，也無法和大眾進行溝通，出了問題，也無法為結果完全負責，因此目前對於可解釋性要求高的醫療場景來說，人工智慧只能作為輔助工具使用。

人工智慧的學習過程可以簡單理解為數學中的函數，像學習「y=K×x2+b」一樣，給定一個輸入數據，透過計算，可以得到一個對應的計算結果，每個計算都可以理解成對一個函數的擬合，其中函數的參數是不需要提前指定的，可以透過數據的內在規律和多次迭代計算得到，那麼整個人工智慧模型裡，就包含了成千上萬個具有不同參數的計

算公式，當這些計算公式放在一起，人就難以理解和解釋了。總體來看，給定什麼樣的數據，人工智慧模型就會學習得到一組龐大的計算公式組合，因此，整體上對人工智慧模型進行解釋會很困難。

### 3. 難控制

人工智慧執行過程中的環境是複雜多變的，由於有的演算法具備線上學習和個性化服務使用者的能力，這種人工智慧很容易被數據影響，也容易遇到處理不了的場景而失效。比如 2016 年 3 月 23 日，微軟（Microsoft）在社群平臺上釋出了一個聊天機器人 Tay，這個機器人原先設定為「十九歲美國女性」，居心不良的使用者，利用 Tay 模仿說話的漏洞，對 Tay 進行錯誤的訓練，只花了一天的時間，就將 Tay 教壞了。如果是在企業的生產環節，如製造生產線上，或是在系統中的核心環節發生這種事情，那這種「不可控」，就可能會造成嚴重的問題或很大的損失。

雖然目前熱門的 GPT 大語言模型強大到可以幫我們創作小說、編寫報告、寫行銷文案、解數學題目，以及解決很多場景下的問題，導致大家開始討論通用人工智慧（Artificial General Intelligence，AGI）是否觸手可及，但我們在和 GPT 聊天時，會發現大語言模型存在「胡編亂造」的情況，這是由於大語言模型在訓練過程中存在「數據偏差」，當數據不夠或模型設計存在問題時，它就開始「天馬行空」。

究其原因，主要有以下兩個：

**1）數據採集沒有覆蓋所有場景**。人工智慧是從數據中學習規律，並在實際中應用，數據在蒐集過程中難以覆蓋場景下的所有情況，開發者也未必對所有情況完整考量，因此遇到數據沒有覆蓋的情況時，人工智慧可能就無法派上用場。

1.2 人工智慧的強項與局限

2) **人工智慧在場景中應用時，需要明確、具體的目標**。在學習階段，人工智慧的學習過程就是在追求目標收益的最大化，需要開發者事先設定好學習規則，當出現需要妥協或需要做的事和「目標收益最大化」相違背的場景時，人工智慧只會遵照之前設定好的學習規則來執行，這時，需要人為干預或在人工智慧的目標中增加限制條件來完善。

#### 4. 低廣義化

人腦的學習模式是少樣本學習（Few-Shot Learning），即「小數據，大任務」；而人工智慧則是從大數據中學習來解決小問題，即「大數據，小任務」。人工智慧依賴大數據，人腦依賴小數據，比如我們新認識一個人，很快就可以記住他的樣貌，人腦可以舉一反三，但是深度學習、機器學習依賴大量的數據，無法做到，它要從數據中學習規律。這種模式，使人工智慧在一個場景下學習好的模型，很難遷移到新的場景中。目前熱門的遷移學習和預訓練，也只能在類似的場景下才能產生作用，比如辨識動物種類的模型，可以作為行人檢測的預訓練模型。

這也是在大語言模型問世之前，很多從事企業端智慧對話系統的公司，很難規模化的核心原因——場景模型是「手動」生成的，就算不同客戶公司的場景一樣，數據的蒐集、處理方式、標準、標註方式也會有偏差。

上述人工智慧的局限，是由人工智慧在實現過程中的方案造成的。人工智慧在實現上有以下幾個依賴，如圖 1-4 所示：

035

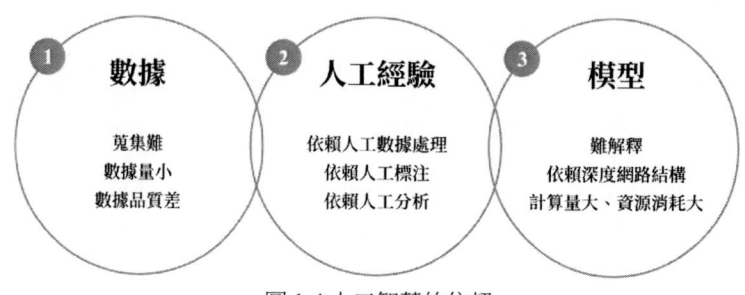

圖 1-4 人工智慧的依賴

## 1. 依賴大型數據集

目前人工智慧是從大量數據流中學習規律、知識，並在實際場景中應用，根據特定場景的數據訓練的人工智慧，是面向業務、場景的，只能在特定場景下發揮作用，是不具備自我思考能力、可順序執行的電腦程式。

當數據量較小時，人工智慧模型（尤其是深度學習模型）往往無法獲得好的效果，一來因為數據量小，可能無法適應場景中的所有情況；二來無法學習到學習目標的規律，在這種情況下學習到的模型，大多類似於隨機模型，就好像我們平時「擲骰子」一樣。目前，從小數據中學習的有效學習演算法還處於學界研究的前端，如聯邦學習、遷移學習（2.2.2小節將介紹五種主要學習方式）。

## 2. 依賴人工經驗

人工智慧對人工的依賴包含兩個方面，一是展現在演算法技術人員方面，需要用他們的經驗來處理數據、選擇適用的演算法、最佳化模型的結構和參數，這些工作和應用的效果直接相關。二是展現在數據方面，無論是數據的蒐集，還是數據欄位的有效性判斷工作，都依賴標注人員（從業者）。從數據蒐集角度來看，需要辨別哪些數據來源是對場景

內任務有用的，如果數據來源有問題，再好的演算法人員，也無法得到想要的效果；同樣，對於標注蒐集來的數據，在監督式學習場景下，如果數據標注不準確，就會干擾人工智慧模型學習的方向，進而影響應用的效果。

**3. 依賴深度網路結構**

人工智慧目前的廣泛應用，離不開深度學習的發展，傳統的演算法準確率在很多情況下達不到完全落實的程度，比如準確率 70% 左右。深度學習使準確率直接躍升到 90% 以上，尤其是在圖片、音訊、影片領域的提升。相比傳統的機器學習方法，深度學習可以將準確率提高 30%～50%，因此在各個場景中，研究者都在廣泛地應用深度學習技術。深度學習透過多個隱含層和巨量的訓練數據來自動學習和構造有用的特徵，這些特徵是人難以辨識和解釋的。

從人工智慧技術的進展來看，這些問題在未來都會得到解決，目前不會影響人工智慧在具體場景下的應用，網路和企業數位化的發展，也為人工智慧提供了數據和環境，目前的局限性不會阻礙其發展。

## 1.2.2　人工智慧的優勢

人工智慧發展過程雖然曲折，且有很多技術上的困難點等待攻克，但相對於人工處理和自動化的解決方案而言，人工智慧在很多場景中應用的效果已經展現出明顯的優勢。這些優勢表現為以下四種能力：

## 第1章　重新認識人工智慧

### 1. 感知

　　視覺、聽覺、觸覺分別對應於人工智慧的電腦視覺、語音辨識和感測器技術，得益於深度學習的發展，使人工智慧具有感知能力，能夠在環境中進行互動，分析環境中圖像、聲音等語義資訊。例如，自動駕駛汽車透過雷射雷達、攝影機等感知設備和演算法，來辨識道路環境、周圍車輛、行人，進而調節行車狀態；再如，掃地機器人透過電腦視覺技術，實現自我定位和繪製清潔區域的對映地圖，利用目標檢測演算法即時分析攝影機的圖像中包含的物體，並對其位置和類別進行分類，判斷是障礙物、地形或要清掃的物品。

　　對於與感知能力相關的人工智慧演算法，大多數都是監督式學習模式的演算法，因此依賴數據標注的準確性。環境中各式各樣的物體，需要人為標注來告知人工智慧，同時在一定輔助規則下完成場景中的任務。比如當辨識到前車、行人距離太近，以及遇到紅燈等情況時，自動駕駛汽車就應該煞車，確保自身和他人的安全。人工智慧執行制定的規則，實際上就是模擬人完成場景中任務的過程，因此透過人的視覺、聽覺、觸覺，可以累積出判斷規則的場景，都是人工智慧目前可以勝任的場景。

### 2. 預測

　　人工智慧透過輸入數據，對給定問題做出預測，透過大量已知數據訓練演算法模型，得到模型輸入端和模型輸出端的對映關係，在模型輸入端輸入一組數據後，模型就會從輸出端給出預測的結果。大數據分析、金融風控模型、對話情緒辨識、危險行為辨識……這些場景都是人工智慧根據現有的數據，對目前或未來的狀態做出預測。人工智慧在訓

練過程中，透過電腦處理，能夠考量的數據面向比人更廣，可以客觀地計算數據之間的相關性和邏輯規律，最終學習到的模型和人為得到的判斷規則類似，但會更加複雜，就好比如果人的判斷規則只是「if-else」，那人工智慧在場景中學習到的模型，類似於一個複雜的決策樹網路，網路中包含上萬個「if-else」來完成場景中的任務。

### 3. 關聯分析

人工智慧可以從數據中發現潛在的趨勢或數據關聯模式，用一個更常用的詞來描述，就是「數據探勘」（Data mining，資料探勘）。在這方面，有一個廣為流傳的「啤酒與尿布」的故事。相傳在 1990 年代，某超市透過分析顧客的帳單，發現「啤酒」與「尿布」兩件看起來毫無關聯的商品，會經常出現在同一個購物籃中，超市就將兩種商品的擺放位置拉近，以提高商品的銷售收入。電商平臺也可以「組合推薦」、「交叉銷售」商品來提高成交量。當人工已經無法分析眾多商品的相關性時，就需要人工智慧以實際銷售歷史數據為基礎，找出哪些商品是使用者經常一起購買的。

### 4. 快速迭代

人工智慧可以透過對數據的學習描述現實世界，對未來世界的演化進行預測，並且可以根據數據的更新來快速學習，調整自己的決策。比如圍棋中有超過 $10^{170}$ 種變化，這比已知宇宙中所有的原子數量加在一起還要多，但僅訓練 72 小時的 AlphaGo Zero 就能戰勝當時世界排名第四的李世乭。人工智慧不斷學習、演化、調整的能力，使它既可根據每天環境的變化，為我們提供個性化的服務，又能夠即時回應環境中的變化，提高系統適應環境的能力，保證服務目標的達成。

## 第 1 章　重新認識人工智慧

這些能力使人工智慧相較於人腦，有如下優勢：

(1) 數據處理能力強

電腦可以接受輸入數據的範圍比人類大得多，能夠吸納的數據量更多。相較於人腦處理，電腦處理數據的能力更強，這些「機器」的特性，使人工智慧能夠更加精確、更快，同時數據處理範圍更廣。

(2) 可複製性強

人工智慧學習到的經驗更容易被複製，直接「複製—貼上」即可完成模型的重複使用，同時相似任務中的模型，還可以用於其他任務的「預訓練模型」，從而大大縮短新場景中人工智慧模型訓練的時間；而人傳遞知識需要依靠文字、語言，難以快速重複使用和遷移。

(3) 不受體力影響

人工智慧可以一天 24 小時不間斷地工作，只要能滿足電腦執行的條件即可，且機器完成工作的品質水準不會下降，還能準確監視巨量數據，出現故障，能透過監控發出警報，讓營運人員及時處理。相比之下，人是無法不間斷工作的，同時在工作中，也無法時時刻刻都集中精力。人工智慧可以同時執行多項工作（比如同時撥打上百通電話），而人工客服只能序列處理，每次撥打一位客戶的電話。

(4) 受執行環境影響小

在人工作業的場景下，人難免會受到環境的影響而導致交付品質差或效率降低，比如溫度變化使人體感覺不適，或受到突發事件影響，無法集中注意力工作，甚至本身就是極冷、極熱、黑暗環境等不適合人工操作的場景，人在這些環境下操作設備是很危險的。而只要人工智慧設備的結構設計和材料的選擇能夠滿足環境限制，同時能夠確保電腦處於

## 1.2 人工智慧的強項與局限

穩定的工作狀態，人工智慧就可以穩定地工作。未來對人工操作不友好的工作場景、危險的環境，都會被機器取代，比如深海探勘開發、大樓外部清潔、消防救援等。

這些優勢也是人工智慧能夠在很多場景中快速應用的原因。相比於人而言，人工智慧整體的成本更低、效率更高、穩定性更強，人工智慧的出現，就是在幫助人類解決問題。

### 1.2.3 如何判斷場景是否適合應用人工智慧

**人工智慧是一種工具，是我們達成目標的方式之一。**

人工智慧是面向特定問題的解決方案，如果解決問題原本就不需要使用它，那麼就應該選擇其他技術方案，不能為了使用人工智慧而應用人工智慧。「放之四海而皆準」的通用「人工智慧解決方案」是不存在的，人工智慧也並非適合所有行業，比如很多非標準行業或服務業。

**1. 如何判斷現在的人工智慧能完成哪些任務**

人工智慧目前能夠具體應用的場景都是「數據驅動」、「流程清晰」的任務，即當一個待解決問題的定義、輸入內容、輸出內容都能夠透過數據描述，且原先的任務可以透過人工方式完成時，可以用人工智慧來替換其中的「人工」。

以下是人工智慧可以落實場景包含的三個基本因素（見圖1-5）：

## 第 1 章　重新認識人工智慧

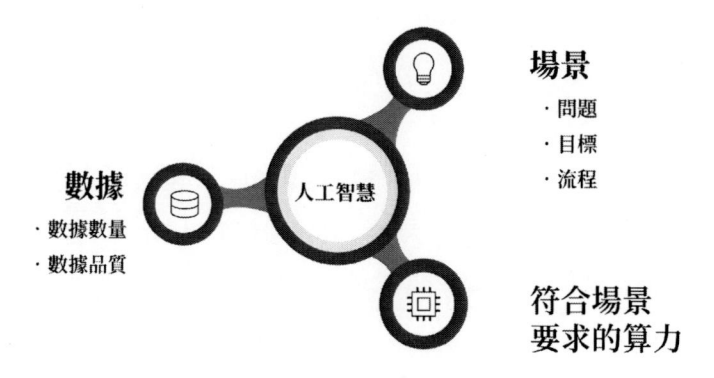

圖 1-5 人工智慧可以落實場景的三個基本因素

（1）場景

**問題、目標、流程定義清晰**，人工智慧在學習的過程中，會按照開發者指定的流程執行，如果你想讓人工智慧做某件事，這件事情的目標必須是可理解的、可定量評估的，否則無法訓練人工智慧。畢竟，如果不能給人工智慧一些好的、壞的例子，它是無法從數據中提取特徵來對樣本進行判斷的。從演算法實施的角度來看，建立什麼數學模型，採用什麼演算法，需要哪些軟、硬體支援，也需要在確定全部的處理流程和目標後，才可以進行選擇。

人工智慧的輸出是和場景目標相關聯的，目標必須是可以透過數據衡量的，這樣才能建立模型，透過訓練，讓人工智慧的輸出不斷收斂，最終得到能夠部署執行的人工智慧模型。比如對圖像分類等有明確數據標籤的場景，模型預測結果和標籤的「差異」，可以透過數據來度量，目標就是讓這個「差異」越來越小；對於強化學習這種沒有數據標籤、需要讓人工智慧從環境中辨識的學習模式，則需要定義一個「得分函數」，學習的目標是使人工智慧在流程執行的過程中，不斷使得分最大化。

## 1.2 人工智慧的強項與局限

判斷目標、流程是否清晰明確，可以從以下三點入手：

**1) 場景中採集的輸入數據的標準是什麼？是什麼樣的格式？是什麼樣的數據層面？**

確定這些內容後，也就清楚了採集原始數據後，如何經過淨化、處理的步驟，來得到模型所需要的數據。

**2) 場景中數據的輸出是什麼樣的？有多少層面？每個層面代表什麼？**

確定了這些內容後，也就清楚了模型輸出結果如何和系統中其他部分進行互動，以及如何解讀輸出的數據。

**3) 場景中涉及的流程有哪些？場景流轉的判斷條件是什麼？**

對於系統型的人工智慧產品，需要和系統中其他部分相配合，要按照場景的需求解決實際問題。

(2) 數據

數據的「數量」和「品質」，對人工智慧應用的效果是非常具影響力的。人工智慧落實效果的瓶頸，就在於「它只會和你的訓練數據一樣好」，如果數據不完整，那人工智慧所學到的知識和數據之間的關聯，也會是不完整的。比如，利用人工智慧來預測是否會下雨，如果訓練數據錯誤地把所有下雨的天氣標注成晴天，那麼，最後人工智慧的預測結果會是相反的；再比如，如果與天氣相關性高的因子，在原始數據中有缺失，那得到的預測結果，可能會和隨機預測結果一致。

數據採集和數據處理兩個步驟，是得到高品質數據的兩個必要的步驟，由於數據採集困難，或數據處理過程依賴從業者的經驗，在很多場景中，難以獲得用於訓練人工智慧模型的數據，進而只能透過專家規

## 第 1 章　重新認識人工智慧

則和經驗來完成任務。缺少了可以用於訓練的數據，人工智慧就無法落實。

(3) 符合場景要求的算力

算力是人工智慧模型訓練和執行的必要硬體條件，它和人工智慧應用的實際成本也是正相關的，人工智慧演算法越複雜，對算力的要求就越高，同時應用所需要的實際成本也就越高。

場景中需要多少算力與需要同時處理的數據量、任務的複雜度相關，數據處理量越大、任務越複雜，所需要的模型計算規模越大，如圖 1-6 所示。算力不足會導致人工智慧模型學習的速度和演算法執行的速度變慢，甚至無法滿足場景中的要求，若你和人工智慧客服對話，對方需要幾十秒才能回覆，使用者的耐心都會被消磨掉。這就好比一臺馬力強勁的發動機，卻因為輸油管狹小而無法發揮應有的能力一樣。

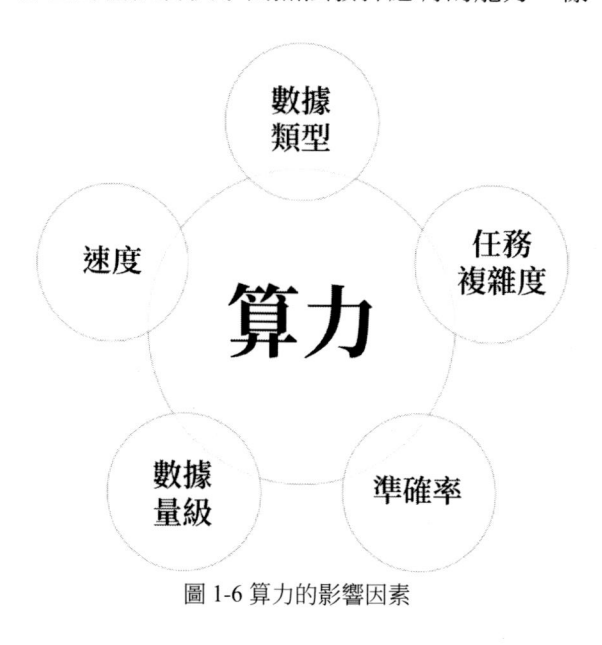

圖 1-6 算力的影響因素

算力及演算法複雜度的選擇，只要符合場景對速度、準確率等的要求即可，大可不必盲目堆疊算力或追求演算法的複雜度，算力越高，人工智慧學習和訓練時所消耗的電能就越大。現在很多場景不斷提高模型的複雜度，過於追求人工智慧準確率的極致，但做「應用」與做人工智慧研究是不一樣的，做「應用」更講求經濟性，根據場景，適度地選擇合適的算力即可。在算力選擇上，可以從以往研究人員論文中的場景來選擇，比如當你需要辨識不同的機械零件時，相似的物體辨識場景（如對機械設備類型的辨識）中所使用的算力，就可以遷移到你的場景之中。

**2. 哪些場景不適合人工智慧應用**

這個判斷標準其實不難，可以在具體的場景中問自己七個問題，來判斷這個場景是否適合應用人工智慧。

(1)問題一：是否可以透過「人工＋規則」來完成任務

人工智慧所做的事情，是在當下的應用場景中提升效率，如果人都不知該怎麼做，是無法轉化成電腦程式去執行的。機器學習中演算法的具體構成，都由一連串的「操作序列」來表示，這些「操作序列」分解成每一步後，都是加減法、矩陣乘法、非線性運算等。這些「操作序列」集合在一起，就是一個明確的電腦可執行的操作步驟，雖然有的模型包含了上千萬、甚至上億個參數，但這些參數之間的操作，都由這些基本的計算單元所構成。同時，由於模型參數、層數過多，使計算量非常龐大，這樣很難人為解釋每一層具體運算的實際邏輯，但人工智慧模型的學習，是面向整體、輸出最佳化、不斷地調節其中的參數，在人工定義的學習規則下進行的。

如果一個場景中不用人工智慧，也可以用人工的方式，按照標準流

## 第1章　重新認識人工智慧

程來解決原先場景中的問題，那這種標準場景，往往是可以落實人工智慧的。比如在網路金融的風控中，對申請貸款人資格稽核的場景，以往透過風控人員逐一對貸款人進行審核，來判斷潛在的詐欺風險和信貸額度，有經驗的風控人員，會根據貸款人的背景資料，形成一系列的評價規則。人工智慧基於企業風控歷史數據訓練，其實可以擬合出一套風控人員的規則。但是，當評價一個人的人品或情緒狀態時，就很難人工定義標準的規則，因為每個人的看法和標準都不一樣，機器不會產生喜好和偏見，在這種以主觀評價為主的非標準場景下，人工智慧就不適合應用。

(2) 問題二：是否需要常識作為輔助

在需要主動理解「常識」的場景中，人工智慧往往難以落實，因為它無法像人一樣懂得常識，也不知道特定名詞所代表的含義，但它能夠在不同的名詞、短句、執行動作之間建立連結。當你描述的任務包含「常識性」內容時，人工智慧可能無法辨識到你說的事情，除非你描述的內容已經在機器的知識庫中，並且和已有的概念連結了。比如自動駕駛的汽車，如果你將「公司」和某個具體的地點進行綁定，這樣當每次說「去公司」時，它都會知道你要去哪裡；當你告訴人工智慧「我要去中正路XX購物中心」時，它也可以準確地辨識目的地，但當你說「送我去中正路商場」（由於日常習慣你可能會省略具體的「商場名稱」）時，如果人工智慧沒有記錄你的日常偏好，沒有「常識」作為輔助，就會為你匹配很多與之相關的地點，無法將你描述的地點準確地和目的地進行配對。

在人工數據輸入的指導下，人工智慧可以透過使用者的使用習慣，將一些常識和客觀事實進行綁定，在得到使用者確認的情況下，自動生成一條對應客觀事實的常識。如果場景中包含的「常識」，無法透過歷史

1.2 人工智慧的強項與局限

數據或人工輸入知識進行連接,那麼機器無法學習到相關的內容,進而也就沒辦法完成場景中的任務。

(3)問題三:是否有「標注」數據

**人工智慧是數據「餵養」出來的,數據標注是形成有價值的巨量數據中,非常重要的一環。**

對於「**監督式學習**」演算法來說,標注是「**事前**」的,比如要教人工智慧辨識一頭牛,需要大量牛的圖片,並透過「標注」來告訴人工智慧「這些圖片組合起來,表達的含義是『牛』」,這些數據就是用於訓練人工智慧模型的「訓練數據」。人工智慧模型透過提取圖片中的特徵來描述「牛」,因此在訓練完成後,人工智慧模型能夠正確辨識的是那些在訓練數據中出現過的「牛」。如果給它看一張從未在訓練數據中出現的「牛」,如「乳牛」(訓練數據中牛身上的花紋不一樣),它可能就認不出來了。

在缺少「標注」的場景下,需要透過「**無監督式學習**」來處理數據,如聚類分析(將一組數據或對象按照某種規則劃分為多個種類),這種標注是「**事後**」的。從數據角度上來看,這些數據不需要「標注」,即可對數據進行類別劃分。這裡需要的「標注」,是指對人工智慧處理的結果,需要人來解釋聚類結果的實際意義,告訴人工智慧和其他合作者聚類結果的含義。

(4)問題四:工作流程是否清晰

工作流程不標準、無法清晰描述的場景,無法應用人工智慧。人工智慧應用除了演算法模型之外,還需要將其處理結果用於場景的流程中去解決問題,比如用「攝影機」和「圖像分類演算法」,對汽車生產線上的劣質生產零件進行檢測,當人工智慧判斷生產零件「合格」或「不合

格」後，需要將「不合格」的零件從生產線剔除，以防止這些不合格的零件被用在汽車的組裝環節；如果處理流程不清楚，開發者也無法透過電腦程式，將原先場景中的流程和人工智慧結合起來。

對於場景中的處理流程，人工智慧應用需要確立以下三個方面：

1) **場景中有哪些「狀態」？** 比如對工業品質檢測來說，狀態可以分為良品、劣品、疑似劣品、系統故障。

2) **環境、人工智慧的輸入和輸出是什麼？** 環境是工業生產線，輸入是透過生產線上採集圖像的攝影機採集到的待品質檢測零件的照片，輸出是根據人工智慧模型判斷零件是否為「劣品」。

3) **場景中的完整處理環節為何？** 還是以上面工業品質檢測為例子，流程如圖 1-7 所示。

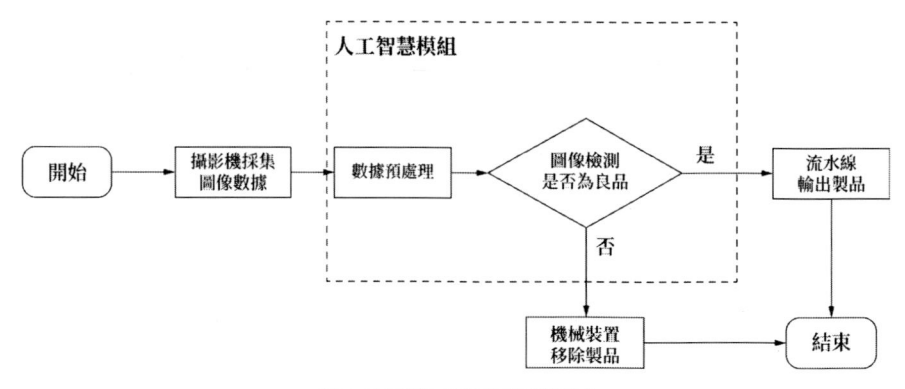

圖 1-7 工業品質檢測流程圖

當確立了以上三點後，整個場景中的處理流程就清晰了。

(5) 問題五：人工智慧的目標是否清晰

人工智慧的目標就是最佳化：**在複雜環境與多體互動中做出最佳化決策。**

## 1.2 人工智慧的強項與局限

因此需要明確的目標來決定人工智慧最佳化的方向，缺少最佳化目標的人工智慧，就和在大海中航行沒有目標的帆船一樣。目標的作用有以下三點：

**1）訓練時，為人工智慧模型的最佳化指明方向**。可以透過最小化「損失函數」求解和評估模型，來指導人工智慧最佳化的方向。「損失函數」是模型預測結果和標注輸出結果的偏差，在監督式學習中，最佳化主要是使人工智慧模型能夠在給定輸入下輸出對應的結果。

**2）指導智慧體在環境中的行動**。以室內環境控制來說，人工智慧的目標就類似於冷氣或加溼器，設定一個最適合人體的溫度或溼度等條件，當實際探測和目標不一樣時，就透過冷氣、加溼器進行室內溫度、溼度的調節。

**3）評估應用場景的實際效果**。模型執行的速度、準確率、召回率等數據，除非在實際場景中使用，否則無法知道「99.9%」的準確率實際應用時會產生什麼樣的效果。

（6）問題六：場景是否以「人工服務」為主要場景

當場景是以與人溝通的體驗、同理心、認同感這些滿足「情感」的訴求為核心時，人工智慧無法替代人的價值。比如心理諮詢，需要心理諮商師引導患者，經過訴說、詢問、討論來找出引起心理問題的原因，再分析癥結所在。

（7）問題七：人工智慧的可解釋性、準確率是否滿足場景需求

目前許多人工智慧模型都存在「黑箱」問題，這讓我們解釋和理解它輸出結果的底層邏輯帶來困難，另外，環境變化、數據品質較為敏感等因素，也會影響演算法輸出的準確率。當場景涉及關鍵性的決策問題

### 第 1 章 重新認識人工智慧

（如醫療診斷、法律量刑等）時，這種可解釋性不足和準確性不穩定的問題，就會導致結果難以被信任和驗證。這些問題也是當前人工智慧領域的主要挑戰之一，隨著模型架構、訓練演算法、數據處理和標注方面的發展和完善，未來人工智慧的可解釋性、可靠性會進一步提高。如果我們需要在實際場景中應用人工智慧，則需要對模型進行充分的測試和評估，當產生不符合預期的結果時，能夠及時採取相應措施、避免損失發生，具體該如何做，可參考 3.2.5 節中對人工智慧系統實施／部署的內容介紹。

## 1.3　如何正確看待人工智慧

　　我在科幻電影中第一次接觸人工智慧，導演和編劇天馬行空的創意，帶領我走進未來的大門，相信很多人也是這樣。在各式各樣的科幻電影中，都展示出不少未來場景，也暴露了很多問題，這些問題需要透過技術的發展、制定相應的規則來解決，目前人工智慧的發展水準，還未達到電影展示出的那種高度智慧的狀態。

　　如電影《機械公敵》(*I, Robot*) 講述了一個在 2035 年的機器時代，人工智慧機器人在「三大法則」的約束下，成為人類生產生活中的重要角色。警探在調查一宗案子時，發現有部分機器人已經不受控制了，它們已經學會獨立思考，並自己解開控制密碼，已經變成完全獨立且和人類並存的高智商機械群體。而另一部電影《變人》(*Bicentennial Man*) 中，主角安德魯是一名人工智慧機器人，可以像人一樣完成各種人能完成的工作，並具有思維創造力，可以進行木雕與鐘錶的製作。電影或新聞媒體對人工智慧的鼓吹，使不知實情的大眾和非從業者對人工智慧的期待，遠高於現在的技術所能達到的水準，人們「神話」了人工智慧。

　　**在現有技術框架下，擁有自主意識、可以自主學習，並解決所有問題的強人工智慧機器人 (strong AI)，是不會出現的。**

　　「意識」和「能力」是我們在構思未來時最容易混淆的問題。「機器學習」、「深度學習」、「自然語言處理」等技術，使電腦不斷學習、模仿人類，但「機器」在意識上依舊一片空白，比如讓一個人像機器一樣，記住所有中文問題的答案，每當同伴丟擲一個問題後，他都能激發記憶、對答如流，那他是不是就懂中文了呢？在這種場景下，機器可以不用管表

## 第 1 章　重新認識人工智慧

達內容的含義，不用理解任何一個文字所表達的意思，也能對我們的提問對答如流，這樣的「模式」，就是目前人工智慧的「能力」；而理解內容所表達的意思，理解文字一個個連結成句所表達的含義，就是「意識」。所以，暫時來看人工智慧擁有自主意識，是缺乏理論基礎支撐的。

人工智慧能夠憑藉行業數據的累積，成為特定領域的「專家」，能提高原先人工分析數據或執行工作的效率，也會替我們做高危險性、重複性的工作。人工智慧在帶給我們便利生活的同時，也會創造新的、真正需要發揮人的智慧和創意的工作。但目前的人工智慧，只能提取數據之間的相關性，無法理解數據的具體含義，因此無法像人一樣，主動解釋數據中的因果關係，這也影響了人工智慧在安全性、穩定性要求高的行業內應用，如電力行業、金融行業。

無論是影視作品中的「吹捧」，還是部分行業內的「輕視」，都是因為人工智慧技術沒有被大眾正確認知，正如羅伊・阿瑪拉（Roy Charles Amara）提出的：「**人們總是高估一項科技所帶來的短期效益，卻又低估它的長期影響。**」這也是我想透過這本書解決的問題之一，希望能讓讀者走近並了解「人工智慧」，進而知道如何用它來幫助你。

**相較於機器，人類真正的智慧在於豐富且真實的情感，我們擁有的同理心和共情能力，是有別於機器、有別於演算法的本能。**

就像《活出生命的意義》（Man's Search for Meaning）一書中，心理學家維克多・弗蘭克爾（Viktor Emil Frankl）所說：「一個人所有的東西都可以被奪走，除了一項，人類的最後一個自由 —— 他可以選擇在任何特定情況下的態度和面對生活的方式。」

因此，面對人工智慧，我們能選擇的態度，就是積極地擁抱它，了

1.3 如何正確看待人工智慧

**解並學會使用其相關產品，讓技術為我們服務。**

從歷史程序看，就像汽車發明後，雖然很多馬車車夫因此「失業」，以及慢慢讓其他某些工作變成歷史，但也同樣創造出新的工作機會，誕生了汽車司機、維修工程師等職業。我們需要的是不斷使用新的生產工具以適應並勝任新的工作，在適應的過程中，我們會轉向從事更具創新性、更有創造力的新工作、新行業。從更長的週期來看，人無法阻攔社會效率的提高，人工智慧和我們是一種雙向成就的進化關係，未來會有更多我們目前認為的「腦力勞動工作」慢慢由人工智慧來承擔，這也讓我們可以轉做更加專業、能創造更高價值的事情。

第 1 章　重新認識人工智慧

## 1.4　智慧化產品的發展與現狀

　　什麼是人工智慧產品？我之前看過一個「智慧筆電」，是在筆電上加一支原子筆和一個行動電源，這是「智慧」嗎？現在的「智慧音響」和過去的傳統音響有什麼差別？為音響加上語音辨識模組，就是人工智慧產品嗎？

### 1.4.1　人工智慧產品的發展

　　人工智慧概念的提出，最早可追溯到 1956 年的達特茅斯會議（Dartmouth Summer Research Project on Artificial Intelligence），但 2016 年「圍棋人機大戰」才讓它在大眾中掀起波瀾，因此，2016 年也被很多從業者稱為人工智慧的「元年」。近 5 年，以人工智慧技術為核心的應用、產品層出不窮，然而，從 1956 年開始的幾十年間，深度學習技術卻未能在實際的場景應用。造成這麼大差距的原因是什麼？

**1. 原因一：兩個技術 ── 「反向傳播」和「深度學習」**

　　過去遇到的一個問題是：沒有在數據上有效的學習演算法。

　　1956 年後，學者的研究方向一直是讓電腦像人腦一樣思考和解決問題，但這條路被發現是走不通的。直到 1986 年，傑佛瑞・辛頓（Geoffrey Hinton）提出反向傳播演算法來訓練神經網路模型。透過這種演算法來擬合訓練數據，從而讓機器「理解」結構化的數據。「反向傳播」是指將人

## 1.4 智慧化產品的發展與現狀

工智慧模型每次的輸出結果和標注結果進行誤差對比，以誤差大小為依據，修改模型每一層計算的「權重」和「閾值」，使模型向誤差減小的方向最佳化，一步一步讓模型輸出的結果和輸入數據的標注結果一致。其中，「權重」和「閾值」可以簡單理解為我們都熟悉的函數「$y=k×x+b$」中的「$k$」和「$b$」。這個訓練的過程，也可以做一個形象化的比喻：某廠商生產一種產品，投放到市場後，蒐集消費者的回饋，然後根據消費者的喜好傾向，一步步對產品進行調整和升級，進而設計出讓消費者滿意的產品。「反向傳播」其根本是求「偏微分」以及用高等數學中的「連鎖律」。

那麼「反向傳播」如何調整模型的「權重」和「閾值」呢？這裡要提到另一個技術名詞──「梯度下降法」。

先調整模型參數，此時最容易想到的方法是「窮舉法」，即列出所有參數可能的取值情況，然後透過對比不同取值下的損失函數輸出值的大小，再選擇使損失函數最小的參數作為模型參數，但這種方法顯然在模型參數較多的時候無法使用。如果使用「隨機生成」方法，隨機生成幾組模型參數，然後也選擇其中使模型輸出結果和標注差別最小的參數作為模型參數，由於這種方法訓練時間不可控，也可能永遠無法選到合適的模型參數。

在這種情況下，就有了「梯度下降法」，它的理念是當我們無法直接計算出模型的最佳參數時，就透過多輪迭代，一步一步逼近那個點。從數學原理來看，「函數梯度」的方向是函數上升最快的方向，那麼其反方向，也就是函數下降最快的方向。這裡的函數，就是我們定義模型輸出和目標取值差異大小的「損失函數」。要理解這個過程，有一個常見且具體的例子是「爬山」：當我們一步一步沿著坡度最陡峭的地方往山下走，一定可以抵達山谷底部的位置。

「深度學習」則可以理解為一個多層的神經網路，擁有巨量的模型參數，它也是「機器學習」中的一種。「深度學習」的理念，來自於對人工神經網路的研究，神經網路分為「輸入層」、「隱含層」、「輸出層」，其中包含多個隱含層的網路模型，就可以理解為「深度學習」網路結構。深度學習由於隱含層多，其特徵表達能力會更強，因此可以用於對圖像、音訊、文字等複雜的數據格式進行計算、處理。

### 2. 原因二：數位化的進展

網路和感測器技術的進步，帶來「巨量」數據，它為訓練人工智慧提供了原料。巨量的數據，為人工智慧帶來充足的訓練素材和堅實的數據基礎，行動網路和物聯網（IoT）的爆發式發展，也為人工智慧提供了大量的學習樣本和數據支援。

企業目前所經歷的數位化轉型過程，也為人工智慧應用提供了數據。企業內部由不同的業務團隊組成，各司其職，隨著規模成長、人數增加，各種管理問題會不斷出現，如果希望解決這些管理問題以及業務運作問題，就必須依靠內部管理系統。企業內部管理系統的核心目標，一個是降低成本、提高效能，另一個就是了解企業各業務團隊之間的合作是否順暢。透過軟體系統，如企業內部的溝通合作平臺，以及企業內部的流程管理 BPM（業務流程管理）、OA（辦公自動化）系統等，將標準化企業流程、管理制度等完全固化在業務運轉流程中。在企業外部，外部系統將線上發生的交易和客戶行為準確記錄和保存，網路的業務具備基於數據分析並賦能業務的土壤。這些企業內、外部系統，累積了大量的數據，幫助人工智慧從數據中發現企業運轉的瓶頸，並以此為著力點，驅動內部業務模式的升級和最佳化。

## 1.4 智慧化產品的發展與現狀

從感測器、攝影機等 ioT 設備的數據採集，到雲端運算的大規模數據儲存，再到視覺辨識、語義辨識等大規模數據計算，我們生活和工作中的各方面，都有數位化發展的痕跡，這其中累積的數據，也為人工智慧的落實提供生存的土壤。

### 3. 原因三：算力進步

電腦處理器計算能力的發展，為人工智慧提供算力資源，讓電腦可以處理語音、圖像這些非結構化的數據。過去科學家們的研究受限於單機的計算能力，沒有成千上萬個可以並行執行計算的分散式伺服器，也沒有 GPU、FPGA（現場可程式化邏輯閘陣列）及人工智慧晶片等計算晶片，計算能力的進步，使透過電腦來模擬人類的大規模深度神經網路成為現實。

IBM 的深藍曾在 1997 年戰勝西洋棋世界冠軍卡斯帕洛夫，而現在，一臺筆電的計算能力，已經超過了深藍。

### 4. 原因四：開源社群的繁榮

GitHub 等開源社群的發展，降低人工智慧入門的門檻，推動了人工智慧的普及。在開源社群內，開發者既可以交流、學習技術，又能夠找到並參與自己感興趣的開源項目。很多開發者、企業，更是將人工智慧的計算處理、模型實現等封裝成可以直接呼叫的類別庫，讓開發者即使不懂得演算法底層的邏輯，也可以開發自己的人工智慧應用。在開源社群內，開發者也將自己的專案開源，讓自己的解決方案透過社群的力量最佳化，或下載並部署其他開發者的代碼，還可以加入其他開源專案。

人工智慧的技術發展，也是一個迭代向上的過程，需要應用場景、數據和即時效果回饋，對其不斷反哺，當前的人工智慧演算法，在某種

第 1 章　重新認識人工智慧

程度上，已然是開源技術，人人都可以在開源社群中獲取最新的模型結構和演算法，主要的問題還是如何結合應用場景來選擇演算法，以及如何將演算法轉化成切實、可以部署的產品。這也是我寫作本書的目的，希望讓讀者能夠了解從演算法到落實切實可行的步驟，以及如何發現身邊可以「人工智慧化」的場景。

## 1.4.2　人工智慧產品的要素

今天人工智慧應用的實現，多是以「深度學習」和「機器學習」技術為主，都基於統計學，從數據中學習數據間潛在的關係和規律，這本質上是一種新的計算形式，即**在目標定義下，不斷從已獲取的知識中學習，來完成特定的任務。**

研究人員透過大量的統計學方法，為電腦賦予智慧，把智慧的推理問題轉變成數據問題，對於沒有技術背景的大眾，只需知道人工智慧的核心是從數據中快速汲取知識，「汲取」的過程，就是機器「學習」知識的過程。對於沒有技術背景的消費者，則可以把人工智慧視為「計算機」，把「計算機」理解為幫助我們解決「自動進行數字計算」這個問題的「人工智慧產品」。

以下用「計算機」和「人工智慧」進行對比，來了解人工智慧產品的三個要素。

## 1. 演算法

「計算機」顯示的「數值輸入」和「計算符號輸入」，分別對比「人工智慧」的「數據輸入」和「模型建模」兩個過程，計算機計算之後，直接給出「計算結果」，而人工智慧則是透過數據和建模過程得到「演算法模型」，演算法模型在訓練完成後，輸入實際數據，才能夠給出預測結果。

## 2. 數據

當演算法或計算能力達到一定程度後，決定實際效果和準確率上限的因素，就是「數據品質」，包括「數據量」及「資訊範圍」，即資訊的豐富程度。從統計學角度來說，準確率和數據量是相關的，數據量越多，資訊包含的範圍越多，數據品質越好，訓練出來的辨識演算法就越準確。就好比當使用「計算機」時，我們需要人工輸入欲計算的數據一樣，數據越精確（如小數點後面的位數越多），得到的計算結果就越準確。

## 3. 場景

「演算法」和「數據」只有在實際場景中應用才有意義，場景需求決定了採用什麼樣的演算法，以及如何採集和儲存數據。不存在能解決多個問題的技術，數據也只有在特定的應用領域才能發揮作用。比如計算機的實際用途是解決生活中的計算問題，計算購買商品的價格、計算房屋貸款、還款金額等。

從人工智慧產品應用的角度，可以把上述三個要素拆解為以下七個問題，確立這些問題後，就可以完成對人工智慧產品的定義了（見圖1-8）：

第 1 章 重新認識人工智慧

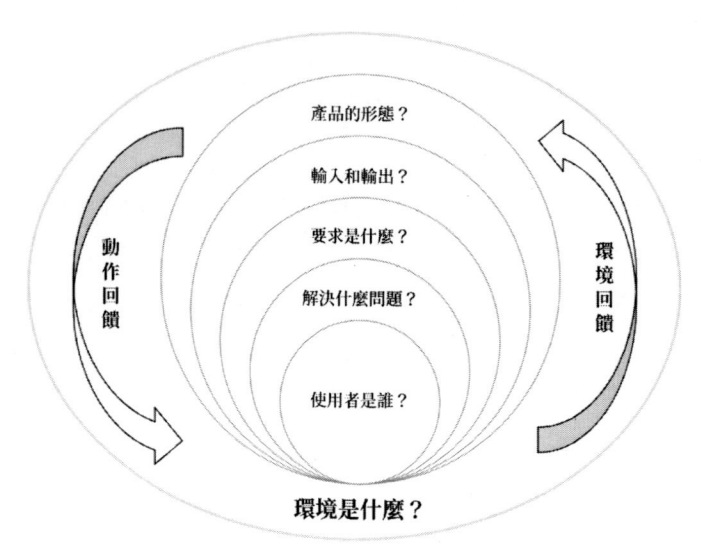

圖1-8 人工智慧產品要素對應的七個問題

(圖中文字：產品的形態？／輸入和輸出？／要求是什麼？／解決什麼問題？／使用者是誰？／環境是什麼？／動作回饋／環境回饋)

## 1. 問題一：使用者是誰

產品服務的對象是誰？面對的使用者是誰，決定人工智慧用什麼樣的方式提供服務、使用者如何使用人工智慧產品。

## 2. 問題二：解決什麼問題

確定人工智慧需要解決的問題，才能夠知道人工智慧應用能產生什麼樣的價值，是否值得投入資源。

## 3. 問題三：解決問題的要求是什麼

比如對人工智慧執行速度、準確率的要求，會影響演算法的複雜程度和需要的算力大小。

1.4 智慧化產品的發展與現狀

### 4. 問題四：產品的輸入與輸出分別是什麼

「透過什麼來觸發人工智慧」和「透過什麼來表示完成任務」影響著演算法的選擇，比如將語音控制和影片輸入相對比，這兩者所使用的機器學習演算法的輸入和模型架構的選擇，是有差別的。

### 5. 問題五：產品是什麼樣的形態

產品形態決定了操作者如何輸入指令或數據，來使用人工智慧系統，不同的產品形態，對使用者的學習和適應成本也是不一樣的。

### 6. 問題六：解決問題的環境是什麼

人工智慧應用的環境，影響人工智慧和使用者的互動方式，同時決定著人工智慧應用環境中存在哪些干擾因素，如溫度、溼度、噪音，在硬體層面，需要做一定的相容，來降低環境對服務的干擾。

### 7. 問題七：如何進行環境／動作回饋

人工智慧需要不斷地調整最佳化，透過環境回饋和訓練目標的迭代訓練，來提高人工智慧演算法的準確率和效能。比如，隨著公司使用者的增加，公司會蒐集到更多的數據來訓練和最佳化演算法，預測顧客喜好的精準度就會提高，服務和產品的品質也會隨之提升，這樣會吸引更多新顧客來購買產品，為公司提供更多數據，如此構成商業循環，並不斷最佳化。

這七個問題，同樣也可以用來定義人工智慧產品的執行過程，包含獲取資訊、處理資訊、行動選擇、執行動作、獲取回饋、調節並重新獲取資訊的循環。

第 1 章　重新認識人工智慧

## 1.4.3　人工智慧創業

大語言模型點燃了國內外人工智慧從業者的熱情，我們又看到了「AlphaGo」之後人工智慧創業的火熱。在創投市場，很多網路企業內的大咖也先後入場，成立大模型創業公司，各行各業幾乎都在和人工智慧結合，甚至有的做跨境電商行銷客服系統的創業公司，之前由於資本市場低迷，一直無法融資到下一輪創業資金，在商業模式結合人工智慧推出基於大模型的行銷客服後，立刻就獲得了新一輪的投資。

在如此熱門的情況下，我認為追求焦點、科技是無可厚非的，但如果「生搬硬套」，則容易在人工智慧產品化上出問題。比如有些產品直接增加「聊天對話框」，再透過呼叫大語言模型的 API（應用程式介面）服務，就自稱為 OpenAI 公司研發的聊天機器人的「替代品」，這其實反映出它並沒有想好應該以怎樣的形式和互動方式，來用人工智慧解決場景中的問題。就像矽谷育成中心 Founders Space 創辦人霍夫曼（Steven Hoffman）在《穿越寒冬：創業者的融資策略與獨角獸思維》[3] 一書中所說，不要因為「跟風」或「不想錯過機會」而創業，要想好為什麼這麼做，理由是什麼？那麼關於人工智慧產品化，這裡有「三個問題」和「三個建議」，提供給有意願或已經走在人工智慧創業道路上的讀者。這三個問題也是在應用人工智慧前需要思考清楚的。

### 1. 問題一：是「人工智慧＋行業」還是「行業＋人工智慧」

是先有行業場景和產品，然後結合人工智慧的能力，即「行業＋人工智慧」？還是先做好技術，然後尋找可以應用的場景，即「人工智慧＋行業」？這是很多投資者和從業者一直在思考的。前者可以減少使用者觸

## 1.4 智慧化產品的發展與現狀

達和產品冷啟動的成本，同時由於產品已經服務了很多使用者，因此高機率也累積了很多能夠用於訓練的數據；後者看起來有核心競爭力，但當技術成熟後，如何應用便是接下來的問題。目前「大模型」讓人感覺無所不能，但其實這也意味著其場景和應用價值不清晰。一個想法如果沒有與之對應的需求，那麼就不值得投入大量時間去實現它[4]。

**我的建議：先評估人工智慧應用的價值。**

可以根據 1.2.3 小節內容，判斷你熟悉的場景是否適合應用人工智慧，之後根據場景的價值鏈來判斷價值。應用後產生 10 倍的效率提升，或將成本降低到原先的 10％，是容易被客戶接受的。假設你的場景全價值鏈中，人工智慧的價值只占 10％，那麼當先做技術再應用到行業時，你需要把另外 90％的場景補齊，此種情況下，這件事就會很難成功。如果 90％的場景已經有了，那麼再結合人工智慧，把剩下的 10％補齊，就會很容易成功。當人工智慧在場景價值鏈中所占比例較高，且存在技術門檻時，「人工智慧 + 行業」就是合理的存在。

在判斷全價值鏈中的比例時，可以按照「成本投入」或「時間」來進行判斷，看人工智慧在場景中能夠「減少多少成本投入」和「縮短多少時間」。以電商行銷素材最佳化為例，設計師、營運人員製作不同的行銷素材，往往需要 3 天左右的時間，然後營運人員制定投放計畫，之後透過線上實驗來檢視對不同素材使用者實際的點閱率、轉化率等數據，以選擇哪些素材線上投入，整個設定和線上實驗，大約需要 2 天時間，在這個過程中，占用時間成本最多的，就是創意行銷素材的製作。如果在該場景中，按照「時間」角度衡量，發現透過 AIGC（生成式人工智慧）生成行銷素材，可以將素材製作時間縮短到「秒」級，那對這種場景，就可以選擇先做好「技術」。

## 2. 問題二：是否真的需要「大模型」

研發一個大語言模型，無論是前期的數據準備成本，還是訓練時消耗的算力資源都是巨大的。2023 年 7 月 11 日，半導體諮詢公司 Semi-Analysis 釋出的文章[5]指出，要訓練參數規模在 1.8 兆左右的 GPT-4，需要訓練數據 13 兆，一次的訓練成本大概為 6,300 萬美元，該成本還不包含失敗的訓練、除錯（偵錯），以及數據蒐集和標注上的人力成本。因此不要動不動就決定要做自己的大模型，少有創業公司早期會有這麼多資源。

**我的建議：先透過市場上成熟的大語言模型產品來驗證場景。**

先透過整合的方式，將自己的產品推向市場，同時累積場景的數據和使用者的使用回饋，也可以使用開源的模型，來進行 Fine-Tuned 微調，以低成本驗證數據和訓練的有效性。畢竟我們的目標是面對挑戰，「把事做成」，而不是做一個「大模型」，之後在市場上找「釘子」。那在什麼樣的場景中需要堅定地做「大模型」？在你想要為各行各業提供基礎的「人工智慧底座」，同時公司的資源、數據、算力都充足的情況下；或當公司內各種場景的產品很多時，適合研究大模型，這樣既能為自己的產品矩陣提供支援，又能在未來開放，從而向其他公司提供服務。

## 3. 問題三：你的解決方案夠「顛覆」嗎

目前市場上能夠產生傳播作用的人工智慧，都具有足夠「顛覆式」的效果，讓之前完全無法設想的場景變成現實，比如透過人工智慧製作 PPT、生成調查、研究報告等。如果你的創意只能解決很小的問題，不僅競爭壁壘很小，還不具備傳播效果，那就會很容易被市場遺忘。如何才能做到「顛覆」？

## 1.4 智慧化產品的發展與現狀

**我的建議：端到端讓你的解決方案覆蓋全場景價值鏈。**

一來可以從「創作」的角度思考，過去我們總認為「創作」是屬於人類的，人工智慧只能幫助我們機械地完成重複性工作，如認為人工智慧無法做到創作圖畫等內容，但如今，人工智慧也能夠生成創意文案、藝術圖片，甚至還能夠製作影片；二來可以盡量讓你的解決方案完整地解決「某件事」，原先我們認為人工智慧只能輔助人的工作，或解決場景下部分任務，但如今讓你的解決方案獨立、完整地覆蓋全場景，如輸入開發需求，讓人工智慧完成從程式碼的編寫和編譯工作，到部署上線的全過程。

從時間發展的角度考量，人工智慧創業會有什麼樣的趨勢？以下是我的初步判斷：

1）**短期，基於大語言模型的 Prompt 提示工程結合垂直場景。** 大模型可以作為呼叫數據和算力的合理方式，將大模型和場景下的需求連結，以提示工程為核心，讓人工智慧幫助我們分析數據，輸出行動建議、結論。這裡有兩點要注意，一是技術都有自己應用的邊界，如果原先的解決方案已經效率很高，那麼就不需要應用人工智慧；二是由於現在大模型的「幻覺」，它給出的內容的準確性和真實性還存在提升的空間，因此可以將人工智慧作為蒐集、歸納資訊的效率工具，只有對輸出結果人為把關之後，才能將其應用到實際場景中。

2）**中期，人工智慧將會越來越應用到成熟的場景或解決方案中。** 當我們透過聊天機器人的方式和人工智慧進行互動時，大多數人無法清楚描述自己的任務需求，甚至不知道其他人需要什麼，因此 Prompt 提示工程有一定的技術門檻，當然這種方式已經比技術開發更加友好。越來越

多的解決方案,將這種開放式的問題,透過讓使用者做判斷和選擇的方式,在成熟的場景中嵌入人工智慧,從而進一步降低使用者使用人工智慧的門檻,甚至我們都感覺不到自己在使用大語言模型,因為不再需要主動提示它。

3)**長期,人工智慧將能夠主動呼叫和讀取分析數據,呼叫系統內各技術模組,修改系統參數來獨立解決完整的場景問題**。要做到這些,既需要讓大語言模型學習場景下系統架構、數據結構等更多的資訊,又需要讓人工智慧真正變成系統的核心基礎模組。

## 本章結語

　　本章帶你進入一場「特殊」的人工智慧之旅，從我們日常生活、工作中常見的例子入手，助你了解人工智慧的能力範圍、優勢和局限，這些能夠幫助你判斷哪些場景適合應用人工智慧。人工智慧是解決我們遇到問題的方式之一，當問題足夠明確、可以透過固定的條件判斷、解決時，應用人工智慧反而會徒增成本；當問題模糊、不夠明確時，又不一定會滿足人工智慧應用的條件。本章總結的「七個問題」，可用於在具體場景中判斷人工智慧是否可以落實的依據。期待人工智慧能夠解決一切問題是不現實的。本章圍繞人工智慧產品的發展和其要素的討論，希望能夠助你從正確的角度認知人工智慧，而不是對它過度看「喜」或看「悲」。在更加合理看待技術的發展和能力的基礎上，我們才能真正思考在哪些場景下人工智慧能夠落實。關於人工智慧產品化的細節，需要根據實際的應用場景進行整理，這些內容將在後續章節中展開介紹。其實在各式各樣的人工智慧產品中，人工智慧只做了下面兩件事：

　　感知：我現在怎樣？我處於什麼樣的狀態？

　　預測：我要怎樣？預測即將發生的事情。

　　做完這兩件事之後，就開始根據場景的問題或需求，給出解決方案。「感知」和「預測」是我們解決問題時兩個連續的環節，人工智慧透過數據和演算法，對應用場景中的這兩個環節做「替代」或「輔助」。

　　在第 2 章中，我將帶你走進「演算法」和「思維」，用通俗易懂的語言，介紹技術和案例，讓你無論是否有技術背景，都能夠更進一步了解這些場景背後的應用技術，同時也會展開介紹人工智慧系統的構成，讓

第 1 章　重新認識人工智慧

你更全面地了解人工智慧應用的架構。透過閱讀第 2 章的內容，你就能夠在分辨哪些具體場景適合應用人工智慧的基礎上，了解具體場景適合哪種人工智慧演算法。

## 參考文獻

[1] POTTER M C，WYBLEB，HAGMANN C E，et al. Detecting meaningin RSVPat13ms per picture[J]. Attention Perception & Psychophysics，2014，76（2）：270-279.

[2] KURZWEIL R. 奇點臨近 [M]. 李慶誠，董振華，田源，譯. 北京：機械工業出版社，2011.

[3] 霍夫曼. 穿越寒冬：創業者的融資策略與獨角獸思維 [M]. 周海雲，譯. 北京：中信出版社，2020.

[4] 霍夫曼. 讓大象飛 [M]. 周海雲，陳耿宣，譯. 北京：中信出版社，2017.

[5] PATEL，WONG.GPT-4architecture，infrastructure，training dataset，costs，vision，MoE[EB/ OL].[2023-07-11].https：//www.semianalysis.com/p/gpt-4-architecture-infrastructure.

# 第 2 章
# 人工智慧的基礎概念

　　本章將具體介紹人工智慧的思維、能力及系統結構,來幫助你進一步走近人工智慧,了解從「思考」到「設計」,再到「實踐」的過程,為後續展開介紹人工智慧應用的步驟和案例做伏筆。演算法是基於某種假設的實踐和探索,因此掌握人工智慧的思維方式,可以幫助你更能尋找人工智慧應用的場景,同時在解決應用過程中,遇到問題時游刃有餘;了解人工智慧的能力,更能讓你在設計和規劃人工智慧應用的方案時更加順暢;人工智慧是包含軟體、硬體的系統性解決方案,了解人工智慧系統的結構,能夠讓你知道應用人工智慧有哪些準備工作,並輔助你判斷人工智慧應用的成本。

第 2 章　人工智慧的基礎概念

# 2.1　「網路思維」與「人工智慧思維」的差異

近 20 年來，網路的高速發展，使各式各樣的網路應用深入到我們日常的生活中，相對於人工智慧這個「新生事物」來說，我們對網路產品會更加熟悉，「網路」和「人工智慧」二者相輔相成，在應用概念上，既存在相同點，又存在不同點。網路的發展，也為人工智慧應用創造了土壤和空間，網路產品累積了大量結構化和非結構化的儲存數據，比如使用者行為數據以及商品、資訊等內容數據。

本節將網路和人工智慧的思維方式進行對比，透過每個人都熟悉的「網路思維」，更容易理解和熟悉「人工智慧思維」。掌握「人工智慧思維」，即「人工智慧應用思考問題的角度」，可以讓你在解決問題時，能夠從人工智慧的角度去思考有沒有與人工智慧相關的解決方案，從而發現更多適合人工智慧應用的場景。

網路是「連接產生數據」，人工智慧則是「數據產生智慧」。

人工智慧和網路創造價值的過程是類似的，都是使用數據來提高供需雙方匹配的效率，網路可以被理解成「建設道路」，人工智慧則是「提高道路使用的效率」。網路的發展，是在一個個垂直領域中建設資訊流轉的通路，將供給端的產品、服務、內容，連接給需求端的消費者，使消費者透過網路技術，可以便捷、快速地獲取資訊、購買商品和服務；人工智慧則是在這個基礎之上，透過機器學習等方法，提高對巨量數據的處理和分析能力，並透過數據分析處理的結果，來最佳化雙方匹配的效率。

2.1 「網路思維」與「人工智慧思維」的差異

將這兩種思維方式，按照「需求」從產生到應用這個過程的角度進行拆解，可以具體分成如圖 2-1 所示的四個階段。

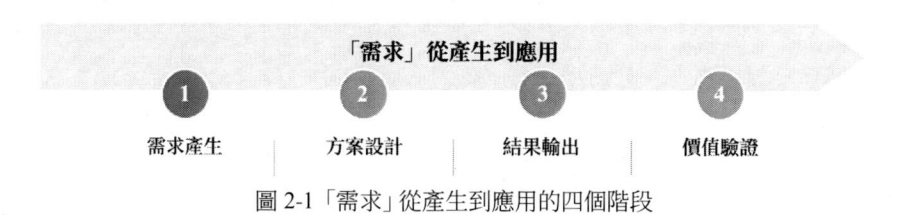

「需求」從產生到應用

① 需求產生　② 方案設計　③ 結果輸出　④ 價值驗證

圖 2-1「需求」從產生到應用的四個階段

## 2.1.1　需求產生：使用者與數據相對比

從需求產生的角度來看，網路思維是以使用者為中心的，比如我們常聽到下列問題：

產品解決了使用者哪些痛點？

目標使用者的使用者畫像（User Persona）是什麼？

使用者在什麼場景下使用產品？

這一系列圍繞「使用者」和「使用場景」的問題，是網路公司的工作人員每天都會遇到的。「使用者」既是網路產品提供服務的對象，又是網路公司的核心「資產」。網路產品以使用者為主導進行產品設計，透過對使用者的訪問或觀察來得到「需求」，然後在網路產品內外不斷地驗證使用者的需求是否得到滿足。

一般透過以下兩種方式進行使用者需求的蒐集或驗證：

一種是「顯式回饋」，透過有明確的回饋功能或維護自己的核心使用者群，來蒐集使用者的回饋，進而推動產品「小步快跑」、「快速迭代」；

第 2 章　人工智慧的基礎概念

另一種是「隱式回饋」，透過對使用者在產品中的行為軌跡進行「追蹤」，用記錄數據的方式，在使用者無感知的狀態下，對使用者的操作進行分析，當發現使用者的使用方式和產品設計的預期不一致時，對頁面互動或功能進行最佳化。比如手機廠商在創業初期，透過自建討論區，為使用者提供統一的回饋管道，了解使用者的使用需求和困難，然後進行一系列的產品研發活動，以滿足使用者的需求。

網路產品在設計時，關注的是如何滿足「使用者」在某種場景下的需求，如何走訪整個使用場景的流程；而人工智慧思維以數據為核心和原料，提高資訊的匹配效率，降低使用、決策的成本。

比如使用者要叫車到某個地點，開啟一個網站或 APP，網路的產品思路，是讓使用者釋出一個行程需求，司機可以根據地理位置遠近，以及是否順路，來判斷是否接單；而人工智慧產品的思路，則是透過對數據的使用，分析即時路況、最佳化行車路徑，將最佳的行駛線路提供給使用者、司機選擇。再比如客服系統，基於規則的客服系統，是透過提取使用者發送文字中的「關鍵字」，到數據庫中去搜尋關鍵字對應的問題和答案。這種規則化的方式，是任務取向的，如當搜尋「今天去臺北的火車」時，網路產品是透過分詞，提取「今天」、「臺北」、「火車」等相關詞，然後在數據庫中篩選得到相關資訊，再呈現出來。「智慧客服」則是透過自然語言處理技術，對使用者輸入的語句進行分詞、句法分析、意圖辨識等，之後將知識庫中和使用者提問最匹配的答案發給使用者。

人工智慧思維是以數據為中心，強調「數據」和「模型」閉環驅動。

「數據」是人工智慧時代最核心的資產，產品、客戶、商品……都用數據進行描述，把一切和產品相關的操作和對象，都變成可記錄的數

據，之後透過數據的使用，回饋到產品設計、產品開發的過程中，進行最佳化。**「使用者思維」**和**「數據思維」**是二者的側重點，**它們不是相互割裂的**。以數據為中心，也可以兼顧使用者需求，比如人工智慧教育透過一些演算法，挖掘每一個學生的學習情況，在學生的學習過程中提供學習內容，然後根據學生的學習效果、習題完成情況，反過來繼續調整推薦的學習內容和環境，如此反覆，以達到自適應學習，提高學生學習的效率。

## 2.1.2 方案設計：單點與整體相對比

　　網路思維強調敏捷開發、快速迭代，在產品方案設計上，追求單點功能的極致體驗。一來透過差異性，強化使用者認知；二來透過單點功能，驗證產品的可行性，在相同時間成本下，這最節省資源，能夠更快速地「跑出來」。當網路產品在設計一個場景的方案時，第一個版本往往都是 MVP（Minimum Viable Product，最簡可行產品），透過最簡單、核心的功能，驗證使用者的需求是否得到解決，之後再圍繞核心功能，衍生出其他的輔助功能。比如，當透過網路產品解決使用者「想喝一杯咖啡」的需求時，產品的形態是一個 APP 或小程式，用來連接販賣咖啡的商家和購買咖啡的消費者，消費者可以線上完成咖啡的選擇和下單，之後商家完成了製作，再透過外送配送員將製作好的咖啡送達消費者。網路產品在不受空間和距離限制的情況下，能夠完成供需雙方的匹配，因此，可以將很多我們熟悉的線下場景搬到線上。而圍繞「販賣咖啡」這個

第 2 章　人工智慧的基礎概念

場景的其他衍生功能，如集點、優惠券、周邊商品等，是在核心功能走通之後，再提高使用者回購和體驗的設計。

**人工智慧產品在方案設計上更關注整體性。**

整體性要求設計方案盡量覆蓋所有已知的意外場景，對於未覆蓋情況，要增加回饋環節，做到如果實在無法避免意外情況的發生，那麼盡量只發生一次，並且能夠有能力在發生意外時控制好，把損失降到最低。

關注整體性有以下兩個主要原因：

一是因為有一定比例的人工智慧產品是對原有解決方案的升級或替代，在原有的場景中，透過應用人工智慧演算法的能力，對原先的方案進行升級，以提高效率或降低成本。作為原有解決方案的替代或升級，如果因場景中一些特殊情況，在人工智慧產品方案設計時沒有考量到，會造成系統無法處置或處理錯誤，進而造成損失。原先的方案可能需要藉助人工處理來控制損失，但人工智慧會由於人工處理場景下的數據缺失，未累積出處置規則，而變成「人工智障」。

比如在「倉庫巡檢」場景下，原先是人工巡檢結合倉庫中的一些感測器設備（如攝影機和煙霧警報器），來輔助負責人發現倉庫的隱憂和問題，現在需要讓人工智慧機器人來巡檢倉庫，那麼就需要將倉庫可能發生的意外情況全面考量，如陌生人進入倉庫、庫存物品掉落、發生火災等。當這些意外情況發生時，要設計如何讓人工智慧進行自動處置，比如告知相關負責人，或者透過人工智慧巡檢設備的機械手臂，歸位掉落物品等。如果人工智慧方案設計考量不全面，那人工智慧在應用時，就會因為造成的意外損失，而受到使用者質疑。

2.1 「網路思維」與「人工智慧思維」的差異

二是人工智慧產品會透過人的語言或外在環境回饋對智慧體進行控制，不同於我們在手機、電腦上使用滑鼠、鍵盤、觸控面板等設備，人工智慧的輸入控制，會出現「因人而異」、「因場景而異」的情況。比如人可以用不同的語言表達方式來描述同一件事，不同人的語音控制也有語音、語調、方言的差異，因此在人工智慧設計的過程中，想將不同人、不同場景下的輸入和對應的語義表達相匹配，就需要在數據獲取及處理環節中，盡可能完整覆蓋場景，在極限場景下，要有引導使用者使用的流程，來讓使用者能夠正確地完成指令輸入。比如使用常見的智慧音響時，使用者透過語音輸入指令，難免會有很多語氣詞、停頓思考的時間，這就需要在數據處理環節對非指令型內容進行合理的淨化和過濾。智慧音響的輸出，要包含對特殊或無法辨識等情況的處理，比如當無法捕捉或缺少使用者指令資訊時，可以反問，當多個指令交雜在一起時，也可以詢問使用者執行的順序，並透過多次互動，給出使用者預期之內的執行結果。

### 2.1.3 結果輸出：確定與不確定相對比

網路是將很多傳統的線下業務流程遷移到線上平臺。很多傳統公司的線上化，是對業務進行分析，並根據該業務過程，設計出合理的系統處理邏輯，從輸入到輸出過程的運算，是設計過的、固定的、明確的。人工智慧模擬人的決策，並非用流程化的方式去解決問題，而是在現有數據和場景條件下，尋求最佳解。數據和使用場景在不斷變化，因此人工智慧需要不斷地去學習、迭代，根據數據和回饋，不斷最佳化。

## 第 2 章　人工智慧的基礎概念

了解人工智慧執行結果輸出的不確定性，更能幫助我們處理特殊的情況，給使用者更好的產品體驗，同時也可以杜絕意外情況的發生。人工智慧的不確定性，有如下兩種：

### 1. 人工智慧執行結果的不確定

尤其對於深度學習，我們在輸入一個樣本後，在模型處理完成前，無法準確預測模型輸出的結果。**人們對人工智慧產生隱憂的原因，也是源自於這種「黑箱式」的執行過程，人們總會對未知的事件產生擔心，甚至憂慮**。在演算法設計時，研究人員想擬合更多的訓練數據，增加模型的穩健性、抗干擾能力，開發人員會主動引入一些不確定性，比如 Dropout[1] 這種計算方式在模型中的使用。對人臉辨識來說，人工智慧演算法會對辨識出來的人臉，輸入一個預測結果的機率值，該數值受光照、視角、遮擋等影響。當你做即時人臉檢測時，如果改變臉的位置，機器檢測結果就會受到影響，導致辨識準確率上下波動，甚至當光照條件不好時，也無法準確辨識。

### 2. 人工智慧對特殊情況處理的不確定

當我們為人工智慧輸入的樣本和訓練數據相差較大時，演算法有可能輸出令人啼笑皆非的結果。比如用聊天機器人時，使用者諮詢語料中不存在的問題，機器人給出的回答，有高機率會和使用者想要問的內容不匹配。這種不確定性的本質原因，是人工智慧是面向任務的，如果任務在原始數據中不存在，那麼當遇到特殊情況或突發情況時，可能會造成演算法的失效。一個完全確定了流程的任務，並不一定適用人工智慧技術來執行，更適合利用自動化相關技術，將流程固化。

2.1 「網路思維」與「人工智慧思維」的差異

面對人工智慧的「不確定性」，我們需要做的第一件事，是對人工智慧執行的過程進行記錄，記錄在實際的使用場景下，人工智慧的輸入和輸出，一方面是為了能夠在定期維護時，看看是否有異常的使用場景和對這些使用場景設計的回饋；另一方面，人工智慧需要在回饋中不斷地迭代最佳化，需要透過實際的執行來蒐集數據。第二件事是為人工智慧設定明確的「停止」操作，以便當人工智慧給使用者的回饋不符合預期或即將採取錯誤的「行動」時，能夠及時停止執行，防止對環境或人產生傷害。

### 2.1.4 價值驗證：流量與效率相對比

網路關注的是流量，流量思維關注的是「連接」，所以對網路公司而言，守住使用者接通網路的入口、成為平臺級的公司，是非常有價值的事。比如早年間，網路硬體廠商把核心產品放在「手機」、「智慧電視」、「路由器」上，就是為了守住入口，做流量散布的底層。無論是搜尋引擎，還是推薦系統、廣告系統，提升的是資訊傳遞的效率，傳遞資訊就展現在流量上。

對人工智慧來說，當它們服務於我們的特定場景時，它的核心是提升生產效率，需要找到在當前的業務流程中，哪部分效率可以得到提升，在哪個環節可以利用人工智慧技術進行最佳化、節省人力。**人工智慧產品追求的是「效率」**，需要產品設計者找到演算法能夠提高效率的場景，並用人工智慧的方法，替代原有的流程。

人工智慧關注效率提升，我們需要確定從哪些角度思考這點。「效

率」從實際應用的角度,可以分為「速度」、「品質」、「成本」三部分,人工智慧在應用後,在這三部分發揮了作用。

### 1. 速度

人工智慧輔助提升完成任務的速度,比如在圖像辨識與圖像檢測的相關任務中,電腦視覺技術透過對已知標注數據進行學習和訓練,辨識速度更快,並保持一定的準確性。臉書旗下的 FAIR AI 研究實驗室和紐約大學醫學院放射學系合作的「fastMRI」[2] 專案,利用人工智慧,將 MRI（Magnetic Resonance Imaging,磁振造影）掃描的速度提高 10 倍,MRI 掃描與其他形式的醫學造影相比,掃描出來的圖像,通常能顯示更多與軟組織相關的細節,原先未應用人工智慧技術的 MRI 掃描,要花費的時間從 15 分鐘到一個多小時不等。使用人工智慧技術後,由於需要捕獲的數據更少,因此掃描速度更快,同時能夠保留並增加圖像的資訊內容。

再比如,在企業報帳的發票輸入環節中,如果輸入一張發票需要一個財會人員花 5 分鐘,那這個人工作 8 小時,也只能稽核 100 張左右的發票。然而,利用人工智慧技術中的 OCR,根據發票文字進行語義辨識,將發票自動分類,填入系統中,替代手工輸入,用機器辨識一張發票的時間不到 1 秒,包含完整數據處理的輸入過程,也縮短為 2 秒。

### 2. 品質

利用人工智慧可以有效提升任務完成的品質,人力會由於疲勞或長時間工作,而造成注意力不集中,進而影響完工的品質。比如貸款稽核人員,就算有一整套風控規則,還是會存在一些由於注意力不集中導致的隨機誤差。

醫療數據的 90% 來自醫學影像[3]，且醫學影像的數據逐年成長，相比之下，影像科醫生的數量是不足的，這無疑將為醫生的工作帶來巨大的壓力，同時，大部分醫學影像數據仍然需要人工分析，依靠經驗所做的判斷容易不精確，造成誤診。人工智慧依靠的圖像辨識和深度學習技術，在對圖像的檢測效率和精準度兩個方面，都可以做得比專業醫生更好，還可以減少人為操作的誤判率。

## 3. 成本

主要從「人力成本」、「金錢成本」兩個角度節省成本，越來越多重複性質的「苦力」工作和高風險環境下的工作，會被機器取代。

網路產品往往流量越集中的地方，連結的相關角色越多，價值也就越高。對人工智慧產品來說，需要看其在場景中提高了多少效率。可以從「提高速度」、「提高品質」、「降低成本」三個角度，來界定人工智慧價值應用的有效性。在 3.5 節中，我們將進一步討論評估人工智慧有效性的具體指標和方法。

第 2 章 人工智慧的基礎概念

# 2.2　機器學習：人工智慧的核心能力

## 2.2.1　機器學習的原理和四個能力

機器學習、深度學習都是以統計學為核心的模型。

**1. 機器學習的原理**

機器學習是從場景中的歷史數據中總結規律、建立對映關係，進而對特定問題進行預測或處理的方法。利用訓練數據集對機器學習模型進行多輪次的學習訓練，每輪訓練都會從訓練數據集中抽取一組數據輸入到模型中，模型給出自己的預測結果，然後根據預測結果和對應數據的標注（人為標注的結果）之間的差異，對模型的參數進行調整，重複這個過程來提高模型的效果，直到訓練完成。

這個過程可以拿我們都熟悉的「四則運算」來做對比：「四則運算」是我們每天生活中都會遇到的「常規計算」，「機器學習」可以理解為該運算的「反過程」。

常規計算的流程，如圖 2-2 所示，給定輸入數據，進行邏輯運算，得到輸出結果。因此，一個「常規計算」系統的功能，是在其設計過程中決定的。比如「買螃蟹」，價格為：重量（公斤）× 螃蟹每公斤的價格（元）。已知輸入數據是購買螃蟹的「重量」，在這裡，螃蟹「每公斤的價格」就是一個已知的數據。

## 2.2 機器學習：人工智慧的核心能力

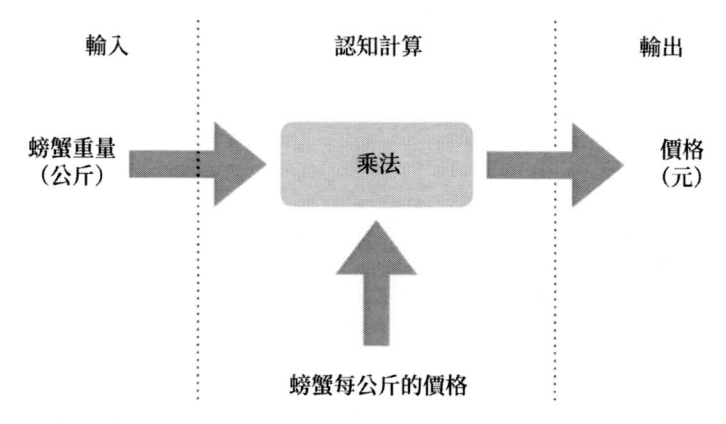

圖 2-2 常規計算的流程

對於「機器學習」來說，螃蟹「每公斤的價格」是一個未知數據，但我們知道一組「螃蟹重量──購買價格」的歷史數據，透過這些已知的歷史數據，可以反推「每公斤的價格」，如圖 2-3 所示。

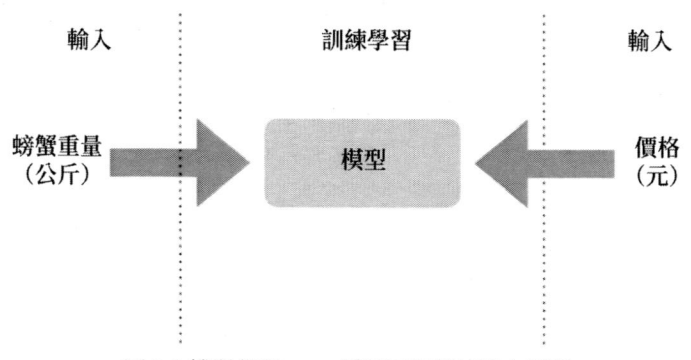

圖 2-3 機器學習──透過已知數據建立模型

之後當發生新的購買行為時，輸入購買螃蟹的重量，就可以計算得到需要花費的價格，如圖 2-4 所示。

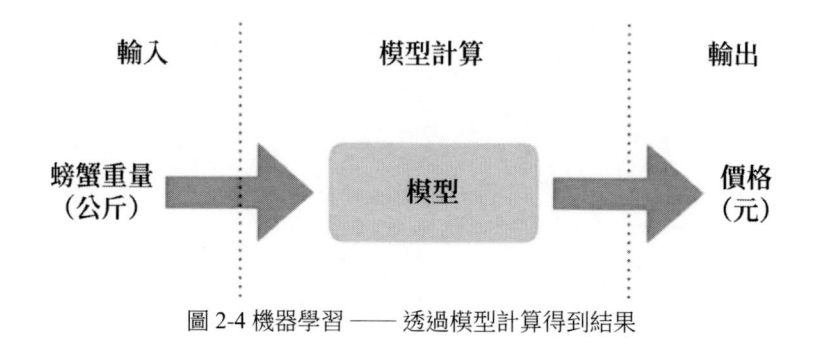

```
     輸入              模型計算            輸出

   螃蟹重量      →       模型       →      價格
    （公斤）                              （元）
```

圖 2-4 機器學習 —— 透過模型計算得到結果

要真正透過「機器學習」預測螃蟹價格，輸入的影響因素遠遠不止這些，比如每公斤螃蟹的價格還會涉及螃蟹的大小、顏色、蟹肉飽滿程度及市場供需情況……這些資訊需要透過更多、更複雜的特徵來表述，對應的模型結構也會更複雜。

需要注意的是：**不是所有的問題都能用機器學習來解決，如果面對的問題沒有任何規律可循，完全是「隨機事件」，那麼就算使用更複雜的演算法、更多的訓練數據也無濟於事。**

### 2. 機器學習的四個能力

機器學習的四個主要能力是：**分類、回歸、聚類、降維**。

1）**分類**：給定一組樣本數據，我們要預測它的某個屬性，如果預測的屬性值是「離散」的，那麼這就是一個分類問題。如透過重量、顏色、種植時間等數據，判斷一個西瓜是否成熟，這個場景下預測的屬性值就是「西瓜成熟」或「西瓜不成熟」，這個屬性值不是連續變動的數值，是「離散」的。

2）**回歸**：給定一組樣本數據，我們要預測其某種屬性的變化規律，如果這個屬性值是「連續」的，這就是一個回歸問題。比如透過一組房屋

的價格波動數據，結合房屋類型、周邊環境等因素，來預測房屋價格的走勢。

3) **聚類**：給定一組樣本數據，把這些樣本數據進行合理分組，使樣本中的相似樣本在一組，就是聚類問題。比如 Google 新聞爬蟲每天會蒐集大量的新聞，然後把新聞自動分成幾十個不同的組，每個組內新聞都描述相似的類別內容，之後根據具體的特徵，為每組貼標籤，如科技類新聞、娛樂類新聞、體育類新聞。

4) **降維**：給定一組樣本數據，如果我們既希望減少數據特徵的數量，又要盡量保留更多的主要資訊，就是降維問題，它的主要作用是透過減少特徵數量來提升演算法的計算效率。比如評價學生的學習成績有很多指標：各個階段的考試成績、名次、就讀的學校等，把這些指標用「學歷」來替代，表示一個人過往的學習能力。

接下來，我們探討機器如何模擬人腦，訓練建構四個能力。

## 2.2.2　機器模擬人腦學習的五種方式

通俗地說，人工智慧的學習（訓練），就是實現得到人們需要的輸入和輸出之間的對映關係這個目標，想達成這個目標，我們需要教機器一套擬合數據的方法。

在訓練過程中，向人工智慧模型展示一個又一個的例子，模型在每次訓練時，都會反覆最佳化，對訓練數據進行擬合，在每一次錯誤之後，透過「反向傳播」，進行自我糾正。模型看到的例子越多，覆蓋應用

場景的情況越多,它的能力就越強。訓練好之後,模型可以部署到提供服務的系統,為使用者提供服務,還可以根據實際使用情況,進行最佳化或再訓練。

根據訓練方式的不同,目前機器學習主要用五種學習方式來模擬人腦。

**1. 監督式學習**

監督式學習適用於那些訓練數據的輸入、輸出都已經標注好的場景,如圖 2-5 所示。比如我們要做一個用於安全防護的監控攝影機,透過攝影機拍攝的影像,辨識來訪者是不是家庭成員。

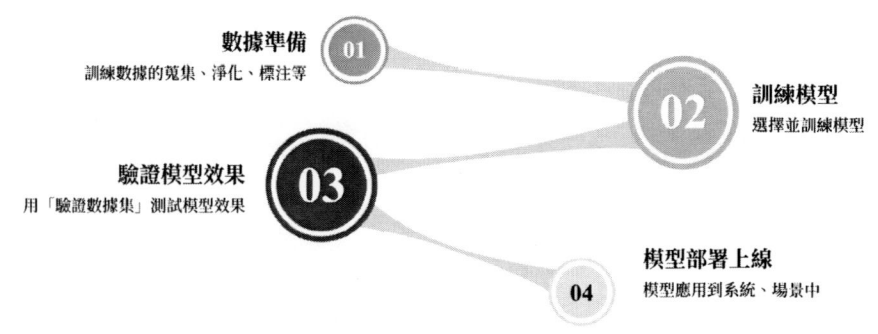

圖 2-5 監督式學習的過程

**第一步,數據準備。**

首先,要蒐集足夠多的「家庭成員」照片,比如父母和孩子的照片,由於攝影機採集的影像可能是全身照,可能是半身照,還可能是側身照,所以需要採集一系列的全身、半身、正面、側面照片,並把這些照片都標注為「家庭成員」。其次,要準備更多「非家庭成員」的照片。由於機器只能辨識二進位制的字串,因此我們可以進行轉換,將「家庭成員」標注為 1,將「非家庭成員」標注為 0,這樣操作是為了方便機器進

行計算。模型最終輸出的是在0到1之間的機率，用來描述給出一張照片後，這張照片屬於「家庭成員」的機率。這些標注好的圖像數據，就用作訓練數據集。最後，需要按照同樣的原則，準備一些圖像數據作為「驗證數據集」，用於驗證模型訓練的效果，看看訓練好的模型是否能夠區分來訪者是否為家庭成員。「驗證數據集」的圖片一定不能和「訓練數據集」的圖片重複，以防止出現「過度擬合」現象。

**第二步，訓練模型。**

對神經網路模型進行訓練，訓練數據集中的每一幅圖像，都會作為神經網路的輸入，經過神經網路中每層的神經元運算來提取特徵，當神經網路完成一張圖片的所有計算時，輸出結果是0到1之間的一個機率值，如果輸入結果和標注數據不一致，則會透過「反向傳播」演算法，來調整模型中各層網路的模型參數。

**第三步，驗證模型效果。**

用「驗證數據集」驗證訓練得到的模型的準確率。數據驗證的指標達到預期設定的指標後，模型就訓練好了。

**第四步，模型部署上線。**

將該模型封裝為介面，整合到軟體中。當有人來敲門時，透過攝影機自動把圖像傳給後臺分析軟體，軟體自動呼叫模型介面完成計算，判斷來訪者是否為「家庭成員」。

2.2.1小節提到的機器學習四個能力中的「分類」和「回歸」，就是透過此種方式訓練獲得能力的。

第 2 章　人工智慧的基礎概念

## 2. 無監督式學習

　　無監督式學習的數據是無標注的，目標是透過演算法來挖掘隱藏在數據中的某種關係或特性。在沒有標籤的數據裡，可以發現潛在的數據關聯，比如在電商網站中，透過商品的購買資訊和時間關係，發現不同商品的使用者購買意願的關聯，這樣在新使用者購買某商品時，可以推薦給他一些歷史使用者經常搭配購買的商品，在方便使用者進行選擇的同時，提高銷售額。

　　此種學習方式還能對使用者的「非常規行為」進行發掘。比如機器人使用者，這些「使用者」往往會讓很多網路平臺造成經濟損失，這些「使用者」的行為，跟普通使用者的行為是不一樣的。直接透過人工去分析、判別，維護成本高，且不容易在第一時間發現違規操作，進而造成平臺損失。利用無監督式學習演算法，可以透過使用者行為的特徵，自動將使用者劃分為幾種類別，之後再透過人工，從不同類別使用者中進行抽樣分析，這樣可以更容易找到那些行為異常的使用者類別。雖然剛開始我們可能不知道無監督式學習演算法生成的分類結果意味著什麼，但透過這種方式，可以快速地排查正常使用者，更能聚焦和發現異常行為，如圖 2-6 所示。

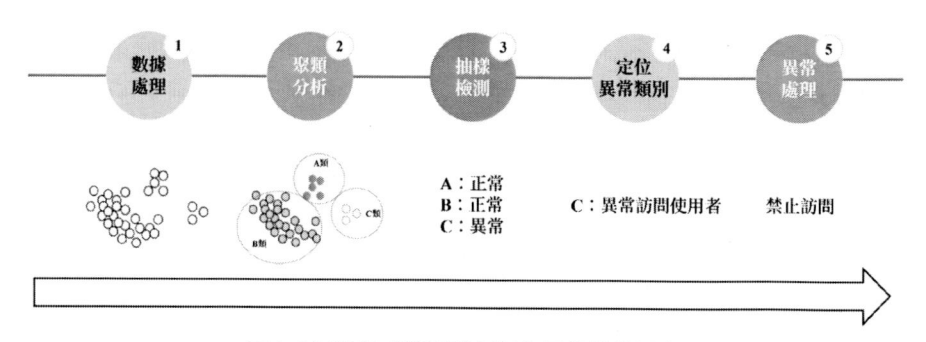

圖 2-6 無監督式學習發現行為異常的使用者

2.2.1 小節提到的機器學習四個能力中的「聚類」，就是透過此種方式訓練獲得能力的。

**3. 半監督式學習**

半監督式學習適用於當訓練數據中，一部分數據是標注過的，而其他數據沒有標籤的情況。半監督式學習仍然屬於監督式學習，不過對訓練數據的樣本進行了半自動化處理，對於未標注的數據，不需要人工進行標注，使人工標注的成本顯著降低。它的學習過程是先用有標籤的樣本數據集訓練出一個模型，然後用這個模型，對未標注的樣本進行預測標注，將其中確定性較高的樣本，二次貼標籤，再拓展到訓練數據集中，對模型進行訓練。反覆幾次這樣的操作，最終將所有數據標注處理完成，並用均已標注好的數據，得到訓練模型。

比如垃圾資訊的過濾，需要大量的語料標注，告知系統哪些是垃圾資訊。使用者每天會產生大量新的數據，垃圾資訊的釋出者，也會動態調整釋出策略，因此對使用者生成的資訊進行人工監控並標注出哪些屬於「垃圾資訊」、哪些屬於「正常資訊」，耗時費力。採用半監督式學習的方法，根據垃圾資訊釋出者的行為、釋出內容等找到相似性，過濾垃圾資訊。這種學習方式，類似人們小時候認識世界的過程。家長告訴你在天上飛的是鳥、在水裡游的是魚……但家長無法帶你見世界上所有的生物，下次見到天上飛的動物時，你會猜這是一隻鳥，雖然你可能並不知道牠的名字。

**4. 強化學習**

強化學習的邏輯更像人腦，主要應用在利用人工智慧進行決策，比如玩遊戲如何拿高分、完成特定任務的機器人、推薦系統等。強化學習

## 第 2 章　人工智慧的基礎概念

是從沒有訓練數據開始的，這意味著需要透過人工定義「獎勵規則」和不斷「迭代試錯（嘗試錯誤）」來執行學習任務，它的目標是最大化長期獲得的獎勵。因此學習過程是動態的，透過人工智慧和環境的互動得到回饋，即透過在定義的「獎勵規則」下人工智慧所獲的分數，來區分人工智慧是否越來越接近場景下的任務目標。這種需要透過「獎懲」結果來學習的方式，類似於我們熟悉的「寵物馴養」方式，如圖 2-7 所示。

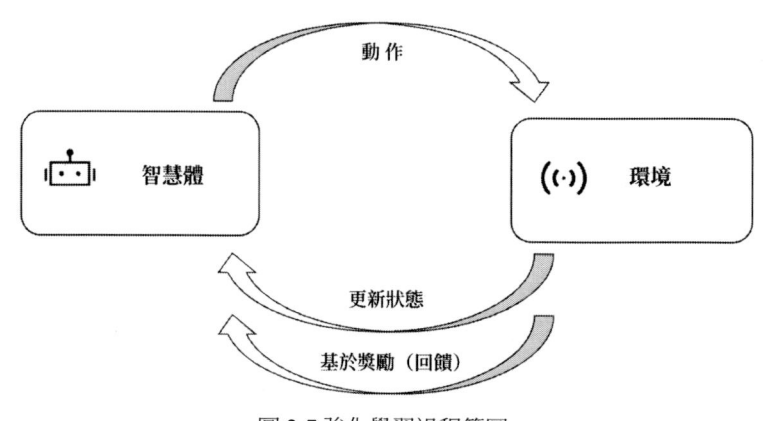

圖 2-7 強化學習過程簡圖

比如常見的猜價格遊戲，要你猜一個東西值多少錢，別人告訴你猜的價格是高或是低；再比如，需要強化訓練一個可以自動摘取蘋果的機器人，每當它摘下一個新鮮、漂亮的好蘋果後，就會收到來自系統的獎勵，反之，要是摘下生蘋果或爛蘋果，就沒有獎勵，甚至會被扣分。為了得到更多的獎勵，機器人就更願意選擇好蘋果來摘，而放棄無法帶來獎勵，甚至會被扣分的蘋果。

### 5. 遷移學習

這是指將從原領域學習到的模型，應用到不同但相關的目標領域的學習方法，通俗來說，就是「舉一反三」。當機器接觸全新領域時，難以獲取大量數據來構建模型，可以將一個訓練好的模型應用於訓練任務，再透過少量數據訓練，將模型應用於新領域。

比如我們在學會拉小提琴的情況下，去學習彈吉他會感到更簡單，樂理、音階等相關知識無須重複學習，可以節省很多學習時間。遷移學習也可以用於推薦系統，在某個領域做好一個推薦系統，然後應用在新的垂直領域。演算法研究院經常使用這種方法作為新場景中模型訓練的初始模型[4]，再利用在相似任務中模型已經學習到的特徵，來減少模型訓練的時間，同時獲得更高的準確率，比如使用在通用圖像辨識任務中訓練得到的模型，來訓練辨識具體類別下的動物類別。

總結對比上述五種學習方式的優點和缺點，如表 2-1 所示。

表 2-1 機器學習五種學習方式的優點和缺點

| 方式 | 優點 | 缺點 | 舉例 |
| --- | --- | --- | --- |
| 監督式學習 | 1）容易理解：學習過程接近人的思維<br>2）可解釋性強：便於調整和最佳化模型<br>3）應用範圍廣：只要待解決任務中有一定量的標注數據，就能透過適用的演算法快速落實 | 1）對異常樣本敏感，模型效果容易被訓練數據中的異常數據影響<br>2）樣本不平衡問題會影響訓練效果<br>3）局限性強：訓練好的模型只能解決特定場景的任務，當數據採集的環境變化，或應用於不同的場景時，需要重新訓練 | 圖像分類 |

| 方式 | 優點 | 缺點 | 舉例 |
|---|---|---|---|
| 無監督式學習 | 1) 無須數據標注，能夠快速應用<br>2) 對數據量要求小，可相容小數據集的訓練學習 | 1) 演算法應用偏實驗性，無法提前知道結果是什麼<br>2) 幾乎無法衡量演算法效果，最佳化演算法難度高<br>3) 結果不易解釋 | 機器人使用者 |
| 半監督式學習 | 1) 相比於監督式學習，節省人力成本，提高投入／產出比<br>2) 相比於無監督式學習，可以得到更高精準度的模型<br>3) 半監督式學習更像人的學習方式 | 1) 對數據品質要求高：數據集中的無標籤數據與有標籤數據可能來自分布不同的場景，進而引入雜訊<br>2) 即時處理大規模數據的能力差，需反覆訓練 | 遙測圖像分類、語音辨識 |
| 強化學習 | 1) 通用性強，可以完成很多困難的任務<br>2) 不受訓練數據的影響和制約，避免人工定義特徵帶來的不準確性 | 1) 需要從零開始學習<br>2) 需要預先定義環境和獎勵規則，同時獎勵規則設定不合理，容易陷入「局部最佳化」<br>3) 不具備記憶功能：只能根據即時回饋指令進行動作 | 如下圍棋的Alpha-Go |
| 遷移學習 | 1) 可以提高目標領域學習的速度和效能<br>2) 節省計算資源<br>3) 減少訓練數據需求，在大多數情況下，不需要大量數據就能使效能更好 | 1) 可解釋性差，很難被量化和理解<br>2) 遷移學習有上限，不適合所有問題的解決方案<br>3) 訓練難度大，模型參數不易收斂 | 跨語言知識遷移 |

## 2.2.3　模擬人腦的神經網路模型

「如果組成機器大腦的基本元素也可以像神經元一樣工作，那豈不是可以創造一個不需要休息的機器大腦？」學者在對人腦神經網路的模擬

## 2.2 機器學習：人工智慧的核心能力

下，建立了基於電腦統計學的機器神經網路模型。

人類大腦中的神經元，是構成神經系統的基本單位，每個神經元有多個樹突和一個軸突，可以將神經傳導物質（化學物質）從一個神經元傳送到另一個神經元或其他組織。仿照這種方式，學者建構了機器神經元，機器神經元內傳遞的是數值，可以將數值的大小理解為人體神經傳導物質傳遞訊號的強弱，多個機器神經元相互連接，就組成了神經網路模型。每個機器神經元都接收前一層網路傳遞來的資訊，處理後，再傳遞給下一層。如圖 2-8 所示，機器神經網路的構成，可以分為以下幾層：

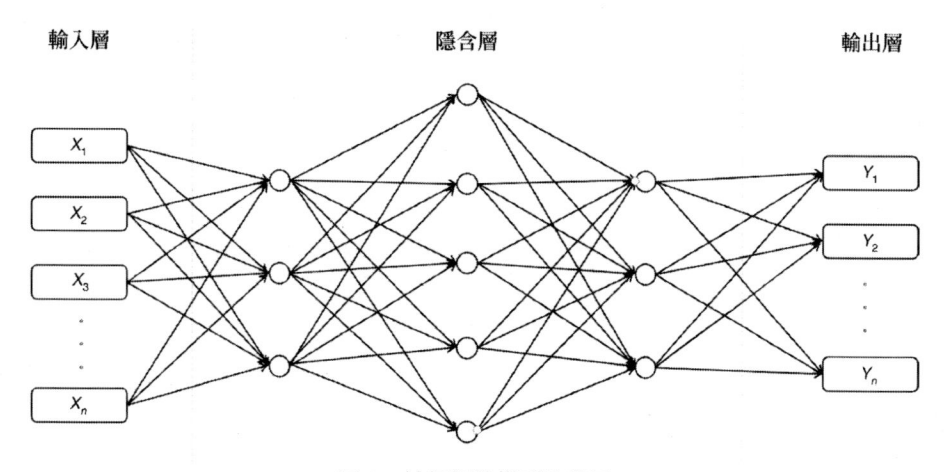

圖 2-8 神經網路模型結構圖

1) **輸入層**：數據輸入層。

2) **隱含層**：除輸入層和輸出層外，其他的都是隱含層，數據從輸入層到輸出層，需要經由一個或多個隱含層進行數據處理和計算。隱含層可有多層，當隱含層含有多層網路時，就被稱為「深度神經網路」。

3) **輸出層**：輸出層的後面不再接其他神經元，而是作為整個網路模型的輸出結果。輸出結果交由人工智慧系統的其他模組進行使用。

第 2 章　人工智慧的基礎概念

　　機器神經網路從建構模型到落實使用,需要經過學習(訓練)的過程:

　　由於每個機器神經元其實都是一個包含了計算參數的計算單元,例如最簡單的「$y=k \times x+b$」,其中 $k$、$b$ 是要學習的參數。搭建網路模型時,所有神經元的參數,都是隨機初始化或按照一定規則初始化的,而學習的目標,就是調整網路中所有計算單元的參數,使這些參數能夠在特定輸入下,產生我們想要的輸出結果(數據標注)。比如我們想讓機器像人一樣區分「貓」、「狗」,就需要給機器「看」(輸入)大量圖片,並且需要告訴它(數據標注)哪個是「貓」,哪個是「狗」,讓機器從數據中學習關於「貓」、「狗」的特徵。電腦看到的圖像,由二進位制字元組成,模型學習的目標,就是使網路模型中的機器神經元能夠對屬於「貓」、「狗」的特徵產生「反應」的能力。比如對「貓耳朵」這個特徵,當在數據中發現類似「貓耳朵」的局部圖像資訊後,需要透過多層計算,讓網路輸出「貓」的機率提高,這個辨識過程與人眼辨識的過程類似,我們都是透過局部資訊來確定物體類別。神經網路模型訓練的、能夠提取局部特徵的計算單元,就叫做「特徵辨識器」。

　　如果輸入一組數據,那麼神經網路模型學習的就是數據之中的關聯資訊,當然,所有輸入到網路中的數據,均需要處理成電腦能夠處理的形式,這些數據經過標準化、歸一化等數據預處理步驟後,輸入到網路中進行計算。比如電腦無法處理「春夏秋冬」,也無法明白詞語的意義,但可以透過數字來對季節含義做出區分,比如「0」、「1」、「2」、「3」分別代表「春」、「夏」、「秋」、「冬」,經過這樣的預處理,電腦才能進行計算。賦予數字對應的實際含義,是人類負責的工作。

2.2 機器學習：人工智慧的核心能力

至此，我們可以從神經網路的學習原理上看出來，有什麼樣的「數據」和對數據的「標注資訊」，就能夠學習到什麼樣的輸出。如果換到其他場景中，或者需要辨識的內容發生了改變，又或者輸入的資訊有變化（比如訓練中圖像數據是「0」或「1」的黑白圖像，而實際使用卻用了非二值化的 RGB 圖像），都無法產生正確的輸出，需要重新訓練模型參數才能夠應用。

**熱門的深度學習**

深度學習是一種特定類型的機器學習模型，在圖像、影片、語音等領域的分類和辨識上，獲得了非常好的成果。相比於原先的演算法模型，深度學習在這些領域中應用的準確率提高了 30%～ 50%，這樣在很多場景（如「圖像辨識」）中，人工智慧都能夠達到比擬人的效果。

深度學習使用模組化思想，模型中每一層都是一個「元件」，可以由其他層靈活呼叫，就像我們玩積木一樣，把「元件」堆疊在一起完成任務。

模組化思想的優點如下：

1)**節省訓練時間**：每層分別訓練的效率，比整體訓練的效率高。

2)**靈活性強**：訓練好的模組或神經網路層，可以供多個層執行，靈活修改網路結構。

例如要辨識貓毛長度和顏色，先將要辨識的目標簡單分為四個類別：長毛多色貓、長毛單色貓、短毛多色貓、短毛單色貓。

如果按非模組化思想，技術實現的思路是訓練四個分類器，各自去辨識特定類別的貓，如圖 2-9 所示。

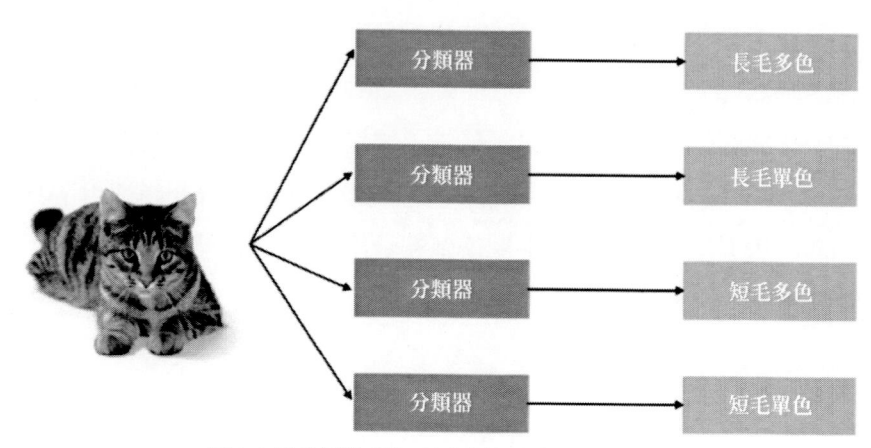

図 2-9 圖像辨識「貓」的非模組化技術實現思路

如果按模組化思想，則只訓練兩個基礎的分類器，一個辨識長毛或短毛，另一個辨識單色或多色，然後將兩個模組的輸出作為下一層分類器的輸入來辨識貓的類別，如圖 2-10 所示。

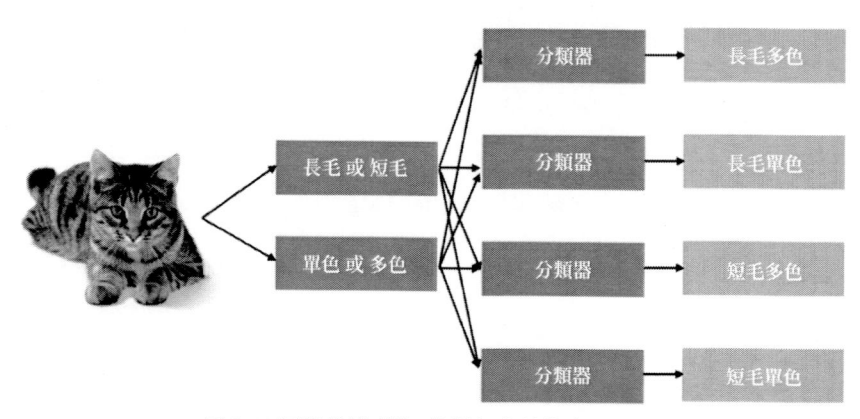

圖 2-10 圖像辨識「貓」的模組化技術實現思路

這樣的設計思路，既包含了上面提到的優點，又能夠減少訓練數據集中由數據分布不均衡問題帶來的、對模型效果的影響。

深度學習最主要的兩種應用網路模型是「卷積神經網路 (Convolutional Neural Network，CNN)」和「循環神經網路 (Recurrent Neural Network，RNN)」，它們分別應用的領域如下：

**1) 卷積神經網路：**圖像分類、目標檢測、人臉辨識、行人檢測、自動駕駛等圖像相關領域。

**2) 循環神經網路：**智慧客服、語音辨識、機器翻譯、圖像生成描述、聊天機器人等自然語言相關領域。

## 2.2.4　機器與人的差距

人和機器「認知方式」的不同，是導致人類難以理解人工智慧執行規則的原因。人類的交流和溝通，往往結合抽象的知識或常識，而機器只能辨識數位形態的非抽象元素，比如畫素點的數值或字元。

**機器是重複執行指令的，不善於解決需要「思考」的智慧問題，因為二進位制的底層編碼模式，決定了機器無法模擬人腦的思維模式。**

既然機器的智慧程度和抽出知識及概念的程度沒人類厲害，那為什麼機器在很多場景中解決問題的能力比人腦還強？

這是由於人類處理數據的能力有限，數據量和數據特徵的增加，加劇了人為處理數據的難度，我們更擅長理解數字和特徵背後所包含的含義，而不擅長在同一時刻進行大量的數字運算；與之相反，機器的計算能力強，可以同時對大量數據進行分析和處理，找到其中隱含的計算規則，善於按照既定的演算法進行重複計算，而不需要去理解數據之中的含義。人工智慧被廣泛應用的演算法，都是透過大量的計算處理（如矩

第 2 章 人工智慧的基礎概念

陣運算），來學習某種計算規則，透過訓練，當相似的數據被輸入時，能夠得到和原數據類似的標注結果，進而實現「預測」或「辨識」。但並非表示人工智慧像人一樣理解數字的具體含義，以及理解一張圖片是不是表示「貓」。

在對圖像做辨識時，機器辨識的是圖像背後的數字編碼，對這些數字進行運算，之後將圖像辨識模型的處理結果和人為定義的分類類別相對應，來找到具體圖片表達的含義。電腦壓根不知道「貓」、「狗」等不同類別的具體含義，模型運算結果表示出要辨識的圖像最高機率對應到哪個分類類別。辨識一張照片裡面的動物是不是斑馬，人類會根據動物的身體形態，以及是否包含黑白條紋等抽象特徵進行判斷；而機器會對照片中的每個畫素進行處理計算，抽出每個具體特徵的權重，作為辨識的依據。人類辨識圖像時，不會說出圖像中包含的第幾個像素的數值是多少，也不會說出人工智慧所關注的圖像紋理這些細節資訊。

機器這種透過數據認知世界的模式，存在以下三點局限：

**1. 場景局限性強、遷移難**

機器學習的背後，是一整套演算法的支援，而演算法的最佳化，依賴大量的數據、進行多輪迭代訓練，直到得到滿意的模型。在訓練的過程中，根據模型訓練的表現，我們可能需要對原始數據的處理方式進行調整，也可能需要對多網路模型或訓練參數進行調整。無論是數據處理還是模型調整，都受場景影響，原因之一是場景任務的目標，之二是場景中用於訓練演算法的數據。不同場景下數據的採集又受環境因素的影響，演算法在不同數據集基礎上學習到的規律是不同的，因此演算法受場景的制約，這也就是我們常說的「換個地方就不靈了」。

### 2. 局限在數據所包含的情況中

舉個簡單的例子，一個人連續 10 天吃午餐都點同一家店的同一道菜，如果將這些購買行為數據交給機器學習的演算法處理，當他第 11 天繼續在這家店購買午餐時，機器依據這個人的歷史購買行為來推薦，會繼續推薦相同的菜色。但如果這個人在第 11 天想換個口味，機器不會推薦其他菜，因為學習到的認知，沒有滿足「換個口味」的需求。

### 3. 輸出結果需要人為解釋其含義

機器的輸出結果可能是一串數字，從數字表示的結果到人為認知的概念、常識，需要人來解讀。比如在圖像辨別「貓」、「狗」、「鼠」、「馬」的任務中，對圖像的標注如下：

貓：[1，0，0，0]

狗：[0，1，0，0]

鼠：[0，0，1，0]

馬：[0，0，0，1]

而模型對於圖像的測試輸出，實際上很可能是：

[0.8734，0.1256，0.3523，0.2588]

機器輸出的這些數字表示什麼？按照對應類別角度解讀，圖片在各個分類類別上，由機率表示對應的動物類別，那麼，其中數值最大的機率值「0.8734」就代表機器辨識出並表達的動物，也就是「貓」。

在實際應用中，有很多種方法可以減少這些局限造成的影響，我們將在後續章節中討論方法和策略。

第 2 章　人工智慧的基礎概念

## 2.3　人工智慧系統的結構解析

一個人工智慧系統包含哪些組成部分？

像大眾熟知的手機、筆記型電腦一樣，當我們使用各式各樣的應用程式時，背後有一整套軟硬體系統的支援。比如，手機的 CPU（中央處理器）、記憶體、觸碰螢幕等硬體設備，構成了設備的底層，作業系統等構成了系統的中層，以支援構成系統頂層的應用程式為我們提供服務。

人工智慧的底層則是「硬體層」，由硬體計算資源支援演算法模型的訓練和服務；中層為由數據及演算法構成的「技術層」，透過不同類型的演算法建立模型，從數據中訓練，形成有效的、可供應用的技術；頂層為「應用層」，利用中層輸出的技術，為使用者提供智慧化的服務和產品，並將服務和執行數據回饋給中層的演算法模型，以便最佳化，如圖 2-11 所示。

下面我們將從底層往上到頂層依次介紹，整理出一個完整的人工智慧系統的構成。

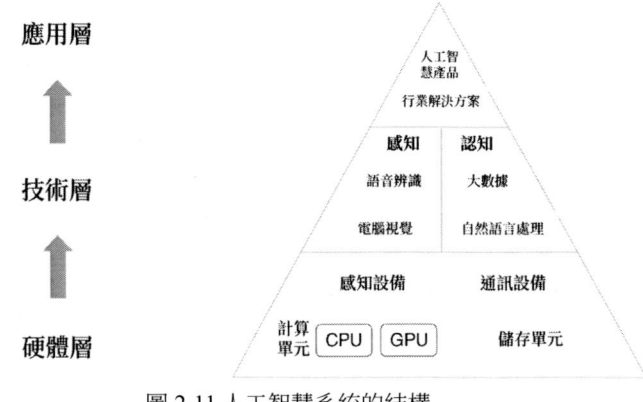

圖 2-11 人工智慧系統的結構

## 2.3 人工智慧系統的結構解析

### 2.3.1 底層：硬體層

硬體層主要包含計算單元，同時還需要儲存單元、感知設備、通訊設備等。

**1. 計算單元**

計算單元常見的是 CPU 和 GPU（圖形處理器），晶片是積體電路的媒介，按照功能分類，有負責實現特定功能的（如音效、影片處理），還有負責執行複雜計算的，不同的場景，對晶片的要求也是不一樣的。

CPU 的特點是通用性強，適合偏認知功能的應用，擅長對邏輯執行進行控制，但在大規模的平行計算上，CPU 的能力受限。這是因為 CPU 架構中需要放置很多儲存單元和控制單元，計算資源只占 CPU 很小的一部分；GPU 則與此相反，更加擅長大規模的並行計算，適合偏感知功能的應用，它的設計邏輯是基於大吞吐量和高並行性的計算場景，但 GPU 無法單獨工作，需要 CPU 進行控制排程，才能正常工作。

二者的差別，下面以一個數學題例子來說明：

CPU 像一個大學生，GPU 好比 100 個小學生，如果要這些學生去解一道高等數學的證明題，100 個小學生可能還沒讀懂題目，大學生就已經解完題了，CPU 就適合應用在這種「強邏輯」執行的場景中；而如果要這些學生對比去解 100 道四則運算題，100 個小學生一人負責一道題，那麼 100 個小學生同時求解，會快過大學生一道題一道題地求解，這種需要「高並行性」的計算任務，就是 GPU 適用的計算場景。

CPU 和 GPU 都是當前較為通用的晶片，隨著人工智慧行業的快速發展，人們對晶片的個性化要求也越來越高，傳統的數據處理技術難以

第 2 章　人工智慧的基礎概念

滿足更高強度並行數據的處理需求,因此繼 CPU 和 GPU 後,相繼出現半客製化晶片(現場可程式化邏輯閘陣列,Field-Programmable Gate Array,FPGA)、全客製化晶片(特定應用積體電路,Application-Specific Integrated Circuit,ASIC)、類腦晶片等專門針對人工智慧的晶片。

半客製化晶片是用硬體實現軟體演算法,根據所需要的功能和處理流程,對電路進行快速燒錄,適用於多指令、單數據流的分析。對大量矩陣運算的計算,GPU 的效果遠優於 FPGA;對處理小計算量、大批次的實際計算場景,FPGA 效能優於 GPU。

全客製化晶片是指應特定客戶、場景要求和特定電子系統的需求而設計的人工智慧晶片,它在功耗、可靠性、體積方面都有優勢,尤其適用在高效能、低功耗的行動裝置端。ASIC 全客製化,是因為演算法設計得越複雜,越需要一套專用的晶片架構與其對應。

類腦晶片架構是一款模擬人腦神經網路模型的新型晶片程式設計架構,這個系統可以模擬人腦的感知、行為和思維方式。類腦晶片架構就是模擬人腦的神經突觸傳遞結構,眾多的處理器類似神經元,通訊系統類似神經纖維,每個神經元的計算,都在本地進行,從整體上看,神經元分散式進行工作,每個神經元只負責一部分計算。在處理巨量數據時,這種架構優勢明顯,且功耗比傳統晶片更低。目前,類腦晶片還沒有統一的技術方案,有透過非同步純數字實現的,有透過數模混合實現的。

## 2. 儲存單元

隨著數位化程序的發展,實體、關係、時間都被保存下來,成為人工智慧學習和應用的基礎。在人工智慧時代,大部分數據都存在「雲

## 2.3 人工智慧系統的結構解析

端」，而行動裝置和嵌入式裝置對儲存的要求越來越高，很多設備由於自學習能力的要求，需要使用即時感知和採集的數據，外加由於一些數據的隱私和敏感性，也需要儲存在裝置上，因此獨立的儲存單元是構成人工智慧系統的一個主要單元。隨著人們對數據隱私和數據所有權的重視，越來越多的人工智慧產品將具備獨立的儲存單元，而不是向「雲端」上報數據，人工智慧訓練也會在設備上進行。

### 3. 感知設備（感測單元）

人對外界的感知，70%是透過視覺，20%左右是透過聽覺，10%左右是透過味覺、觸覺、嗅覺等。對人工智慧來說，外界的互動訊號需要被感測器數位化之後才能夠理解，進而納入計算過程中。感測單元相當於人工智慧的「眼睛」和「耳朵」，接收物體和環境的「圖像」、「聲音」，將溫度、溼度、光線、電壓、電流等資訊，轉換成電腦可用的輸出訊號。感測器一般由感測元件、轉換元件和測量電路三部分組成，按照被測物理量，可以劃分為：溫度感測器、溼度感測器、流量感測器、液位感測器、力感測器、加速度感測器、扭矩感測器等。

### 4. 通訊設備

通訊可以粗略劃分為兩種：一種是端對端的連接，即裝置和裝置之間的通訊，比如 AirDrop 功能可以在兩部 iPhone 手機之間傳輸照片，再比如未來道路上行駛的汽車，如果能夠相互連接通訊，感知其他汽車的行駛狀態，更能避免交通事故的發生；另一種是端對雲端連接，大部分人工智慧產品是透過雲端向各個裝置提供服務，因為大部分個人裝置的計算能力不足以支撐大規模計算，雲端的運算能力和交換能力更強，同時雲端也更能蒐集和共享數據，保持人工智慧模型的更新和最佳化。

第 2 章　人工智慧的基礎概念

人工智慧系統底層的這四個模組是人工智慧執行的前提，也決定了人工智慧能夠「跑多快」和人工智慧的服務穩定程度。相較於「高貴」的演算法，底層硬體的發展，是支撐人工智慧的核心。

## 2.3.2 中層：技術層

技術層透過不同類型的演算法，如神經網路、知識圖譜、機器學習等，建立可以在具體場景中使用的模型，形成有效的、可供使用的技術應用。技術層對應用層產品的智慧化程度產生決定性作用，主要依託計算平臺和數據進行人工智慧模型的建模和訓練。

這一層可以劃分為「智慧感知」和「智慧認知」。與「語音辨識」和「電腦視覺」相關的技術多為感知類技術，大數據、自然語言處理多為認知類的技術。「智慧感知」是機器模擬「看」、「聽」、「摸」等感受外界環境和輸入的過程，透過底層感測器或螢幕、輸入框等互動輸入裝置來獲取資訊，這些資訊用來對模型進行訓練或發起預測服務，主要依託圖像辨識、語音辨識等技術；「智慧認知」階段是模擬人類「思考」的過程，對已經獲取的數據進行理解，應用深度學習、機器學習等技術分析數據。兩者結合，才能在面對使用者的應用層中演變出各式各樣的人工智慧產品和應用。

下面將介紹主要的方向和技術，由於機器學習在 2.2 節中已經介紹過，大數據相關知識在很多專著中也詳細介紹過，此處就不再贅述。對這些技術的介紹，可以讓大家知道各式各樣的人工智慧應用是從哪裡來的。

## 2.3 人工智慧系統的結構解析

### 1. 語音

主要的語音技術為語音辨識、語音合成和聲紋辨識,如表 2-2 所示。

表 2-2 語音技術分類

| 類別 | 說明 |
| --- | --- |
| 語音辨識 | 讓機器透過辨識和理解過程,把語音訊號轉變為相應的文字或命令 |
| 語音合成 | 將任意文字資訊轉化為標準流暢的語音,也可以把自己的語音轉換成其他人的語音 |
| 聲紋辨識 | 一項提取說話者聲音特徵和說話內容資訊,再自動核對說話者身分的技術 |

### 2. 電腦視覺

電腦視覺技術類別主要劃分為圖像分類、目標檢測、目標追蹤、語義分割和實例分割,如表 2-3 所示。

表 2-3 電腦視覺技術分類

| 類別 | 說明 |
| --- | --- |
| 圖像分類 | 輸入一張圖像,判斷圖像內物體所屬的類別 |
| 目標檢測 | 輸入一張圖像,框選圖片中出現的物體,並顯示其所屬類別 |
| 目標追蹤 | 在連續的影片影格(訊框)中定位某一物體 |
| 語義分割 | 輸入一張圖像,按照類別的異同,將圖像分為多個塊,做圖像畫素級別的分類 |
| 實例分割 | 輸入一張圖像,在目標檢測的基礎上,再分割出物體的邊緣區域,讓目標和其他物體、背景分割 |

### 3. 自然語言處理

主要的自然語言處理技術類別是詞法分析、句法分析、語音分析、語義分析和語用分析,如表 2-4 所示。

第 2 章　人工智慧的基礎概念

表 2-4 自然語言處理技術分類

| 類別 | 說明 |
| --- | --- |
| 詞法分析 | 輸入一個句子，從句子中分出單字，然後找到各個詞素（語素），並確定詞義 |
| 句法分析 | 輸入一個句子，對句子結構進行分析，從而找出詞、詞組等的相互關係，以及各自在句中的作用 |
| 語音分析 | 根據音位規則，從語音流中區分出一個個獨立的音素，再根據音位形態規則，找出音節及其對應的詞素或詞 |
| 語義分析 | 分析段落、句子、詞所代表的含義 |
| 語用分析 | 研究語言、句子所存在的外界環境對語言使用者所產生的影響 |

## 2.3.3　頂層：應用層

應用層利用中層的技術，為使用者提供智慧化的服務和產品。人工智慧需要人們真切地摸得著、看得見、能使用，才能真正改變世界，不能只停留在技術階段。隨著人工智慧在語音、電腦視覺等實現技術性突破，人工智慧技術將加速應用到各個產業。

應用層按照對象不同，可分為「消費級終端應用」（To C）以及「企業場景應用」（To B）。

**1. 消費級終端應用**

消費級終端應用包括智慧機器人、智慧無人機及智慧硬體等，這些產品大多數是以硬體形式呈現給消費者，讓大眾對人工智慧產品形成最直觀的認知。比如我們熟知的透過語音來點播歌曲、查詢問題、搜尋數據的智慧音響，再比如可以自動測量空間，進行路徑規劃，來幫助我們

## 2.3 人工智慧系統的結構解析

清理垃圾的掃地機器人。消費級終端應用也有純軟體的產品，這類產品是解決生活中遇到問題的完整解決方案，如智慧駕駛、虛擬聊天助手等。

### 2. 企業場景應用

企業場景應用主要將人工智慧技術應用於各行各業來提高某項具體任務的效率，賦能業務以實現降低成本、提高效能，提升使用者體驗，如表 2-5 所示。比如用人工智慧醫療圖像檢測，輔助醫生為患者診斷病情；再比如用機器學習，從使用者瀏覽行為中發現使用者喜好，為使用者推薦個性化的新聞、商品等。

表 2-5 人工智慧技術的企業場景應用

| 主要技術 | 說明 |
| --- | --- |
| 語音技術 | 語音評測、電話外撥、醫療領域聽寫、語音書寫、電腦系統聲控、電話客服、錄音檔案辨識、語音合成客製聲音、垃圾語音辨識 |
| 電腦視覺技術 | 特定類別物體辨識（如動物辨識、蔬果辨識、人臉辨識）、虹膜辨識、指紋辨識、情緒辨識、表情辨識、行為辨識、眼球追蹤、空間辨識、三維掃描、三維重建、相同（相似）圖片搜尋、車輛檢測、車牌號碼辨識、色情圖片辨識、廣告監測、血腥辨識、圖像去霧、黑白圖像上色、圖像修復、圖像解析度增強、卡證票據文字辨識、手寫數位辨識、五官定位、手勢辨識、多人臉檢測、人臉試妝、人臉融合、活體檢測、影片內容分析、影片封面選取 |
| 自然語言處理技術 | 自然語言互動、自然語言理解、語義理解、機器翻譯、文字挖掘（文字探勘）、資訊提取、文字糾錯、情感傾向分析、對話情緒辨識、文章標籤分類、新聞摘要提取、自動問答、文字摘要生成、資訊檢索、資訊抽取 |

在每個具體的應用場景下，單一場景中有很多產品功能要同時使用多種人工智慧技術。在應用過程中，除了人工智慧相關技術以外，還需

第 2 章 人工智慧的基礎概念

要其他成熟技術的組合,來為人工智慧應用提供土壤,如手機 APP、顯示螢幕、耳機……這些硬體或軟體技術,是架在人工智慧技術和使用者之間的橋梁。如何為人工智慧尋找合適的應用場景,決定了人工智慧產品的形態,這也是後續章節中將著重討論的內容。

## 本章結語

網路是「連接產生數據」，人工智慧則是「數據產生智慧」。在「需求」從產生到應用的四個階段中，人工智慧和網路各有側重，本章透過這兩種思維方式的對比，讓你用更熟悉的「網路思維」來了解「人工智慧思維」，它是一種基於假設實驗，並透過數據驅動決策、演化的思維方式。了解這種思維方式，既可以幫助你更容易理解人工智慧不同演算法的邏輯，又能讓你將這種思維方式用於其他領域來解決問題。本章透過介紹機器學習的五種學習方式和人工智慧系統的結構，讓你了解機器是如何學習的，以及常見人工智慧產品的架構。

第 3 章將介紹目前人工智慧應用的「四大領域」和「五個步驟」，展開說明實施方法。第 3 章也會介紹評估人工智慧應用有效性的指標和方法，助你掌握從「目標」到「實施」、從「實施」到「評估」的全過程。

## 參考文獻

[1] PARKS，KWAKN．Analysis on the dropout effect in convolutional neural networks[C]. Hei- delberg ：Springer，2016.

[2] PRUESSMANN KP，WEIGER M，SCHEIDEGGER MB，et al. SENSE： sensitivity encoding For Fast MRI [J]. Magnetic Resonance in Medicine，1999，42：952-962.

[3] 宋彬，黃子星. 人工智慧在影像學的發展、現狀及展望 [J]. 中國普外基礎與臨床雜誌，2018(005)：523-527.

[4] YOSINSKI J，CLUNE J，BENGIO Y，et al. How transferable are Features in deepneural networks?[C].Montreal ：MIT Press，2014.

# 第 3 章
# 人工智慧如何應用

　　本章將探討人工智慧應用的具體步驟，以及如何將「人工智慧技術」變成賦能我們生活和工作場景中的產品或解決方案。本章先概括介紹人工智慧應用的領域，之後總結人工智慧應用的五個步驟。

　　由於針對 To B 和 To C 的不同領域，人工智慧應用所遵循的標準有不同側重，本章分別給出在不同使用場景下的注意事項，以輔助設計，並完善人工智慧產品；最後圍繞人工智慧應用有效性的評估及介紹數據評估方法，讓人工智慧應用創造更大價值。

第 3 章　人工智慧如何應用

# 3.1　AI 在各領域的應用價值

　　人工智慧可以解決的任務可分成「感知型」和「認知型」兩大類別。「感知型」的任務就是對語音、圖像、影片進行類似人類辨識的處理，將這些數據轉化為人類想要辨識和獲取的數據形式，比如從圖像中對物體進行分類。而另一類「認知型」任務，主要是從數據中啟發式地去發現或學習一些規律，並利用這些數據和其中的規律，來指導人的決策或對某些數據指標進行預測。

　　人工智慧演算法應用的四個重要領域是「語音處理」、「電腦視覺」、「自然語言處理」、「大數據」，這些領域也是目前最為大眾熟知的。目前已有不少書籍介紹這四個領域的技術、場景、存在的問題和趨勢等內容，限於篇幅，本書不再贅述，以下只概述技術方向。

**1. 語音處理**

　　語音處理有兩個主要的技術方向：「語音辨識」和「語音合成」。

　　語音辨識是指將我們自然發出的聲音，從機器轉換成語言符號，透過辨識和理解過程，把語音訊號轉變為相應的文字或命令，再與我們互動，如圖 3-1 所示。語音辨識技術可以應用於語音助手，如蘋果手機的 Siri。

3.1 AI 在各領域的應用價值

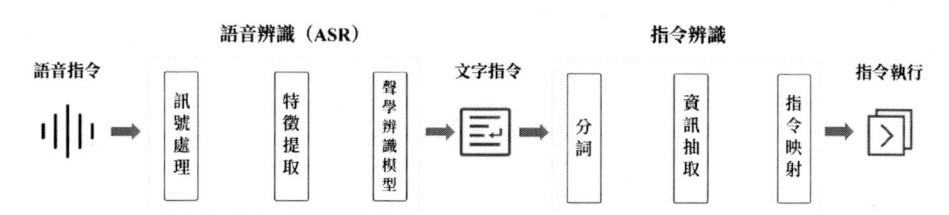

語音指令 → 訊號處理 → 特徵提取 → 聲學辨識模型 【語音辨識（ASR）】→ 文字指令 → 分詞 → 資訊抽取 → 指令映射 【指令辨識】→ 指令執行

圖 3-1 語音辨識類產品處理過程

語音合成是指機器把文字轉換成語音，並根據個人需求製作語音，還能「念」出來。如果機器在辨識關鍵資訊時，沒有辨識出一些關鍵內容，或機器將語音翻譯成文字時翻譯錯誤，或無法辨識使用者的準確意圖，就可以透過語音合成反問使用者，來補充關鍵資訊，進而生成一個機器可以執行的具體任務。

## 2. 電腦視覺

電腦視覺（Computer Vision，CV）是機器認知世界的基礎，目前在圖像辨識、擴增實境（AR）等很多場景下，都有很好的實際應用。

常見的應用領域，如圖 3-2 所示。

電腦視覺
- 圖像分類：如辨識動物類別，使用「分類模型」
- 圖像辨識：如辨識員工是誰，使用「相似度計算模型」
- 圖像追蹤／監測：對圖像中物體定位、判斷、辨識
- 圖像編輯：如圖像降噪、圖像風格轉換

圖 3-2 電腦視覺應用領域

### 3. 自然語言處理

自然語言處理（Natural Language Processing，NLP）是人工智慧最困難的問題之一，目標是讓機器能夠理解人類的語言，進而能夠讓機器和人們進行交流。如智慧問答、文字分類、語義分析、文字摘要生成等類型的產品，都需依託自然語言處理技術，如圖 3-3 所示。自然語言處理技術的應用，往往需要結合「語音辨識」、「文字轉語音」、「知識圖譜」等技術。

**應用領域劃分**

- 文字檢索
- 序列標注
- 機器翻譯
- 文字分類
- 問答系統
- 對話系統
- 文字摘要
- 文字聚類
- 知識圖譜
- 資訊抽取

**自然語言處理**

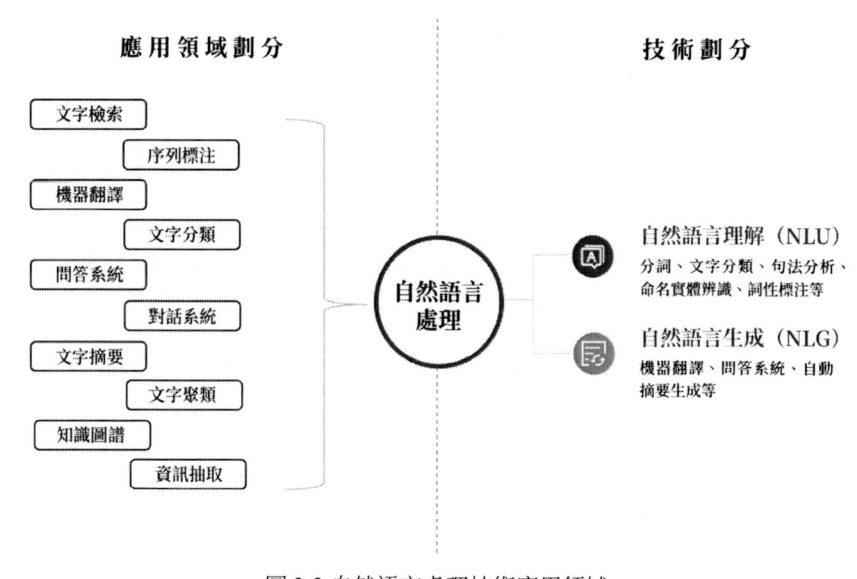

**技術劃分**

- 自然語言理解（NLU）
  分詞、文字分類、句法分析、命名實體辨識、詞性標注等
- 自然語言生成（NLG）
  機器翻譯、問答系統、自動摘要生成等

圖 3-3 自然語言處理技術應用領域

### 4. 大數據

大數據的本質是透過記錄電腦對外部世界的某種變化或度量的資訊，來發現有用的規律、知識，進而在具體場景中指導決策。最常見的大數據應用領域如下：

1) **使用者畫像**：根據使用者的社會屬性、生活習慣和消費行為等數據，抽象出的一個標籤化的使用者模型。人工智慧在使用者畫像裡最重要的作用是從使用者的行為數據紀錄中，找到使用者的偏好、購買商品或服務的相關性，再利用發現的「規律」，為使用者「貼標籤」。使用者畫像是推薦系統的重要組成部分之一。

2) **推薦系統**：有別於傳統的「資訊分類」（屬於網站營運人員根據經驗劃分出來的一種專家規則），是指**在當前商品、新聞等資訊高度爆炸的環境下，幫助使用者篩選資訊的一種方式**。它針對每個使用者的每一項特徵和資訊特徵，進行「標籤化」分類，再透過使用者和資訊的標籤，對使用者進行資訊匹配，進而向使用者推薦喜歡的內容。常見的三種推薦形式是相關推薦、熱門推薦、個性化推薦。

3) **知識圖譜**：是把所有不同種類的資訊連結在一起得到的關係網路，網路圖由「節點」和「邊」組成，每個節點表示一個「實體」，每條邊為實體與實體之間的「關係」（實體可以是現實世界中的事物，如人、地點、公司、電話等，關係則用來表達不同實體之間的關聯）。知識圖譜為網路上巨量、異構、動態的大數據表達、組織、管理以及利用，提供了一種更為有效的方式，目前已在智慧搜尋、深度問答、社群網站以及一些垂直企業中應用。

第 3 章　人工智慧如何應用

## 3.2　AI 應用的五大步驟

　　人工智慧應用的關鍵點為場景、演算法、算力、數據，本節介紹如圖 3-4 所示的「人工智慧應用步驟」，將這四個關鍵點連結起來，形成整套方案。

**定點**
確定場景中的落實點
任務拆分，確立可落實的環節、確定環節的輸入、輸出，確定環境條件及限制要求

**互動**
互動方式和使用流程
・互動一致性
・盡量減少和人的互動過程
・借鑑已有類似產品

**數據**
蒐集及處理
・數據採集
・數據處理
・數據回饋

**演算法**
選擇演算法及訓練
・任務類型
・訓練數據的類型
・輸出數據類型
・場景約束條件
・演算法數據指標

**實施**
實施/部署
・監控/預警
・保底方案
・系統正確性驗證
・系統效能驗證

圖 3-4　人工智慧應用步驟

　　本節為了便於大家理解，採用下面兩個例子來輔助說明：

1）**日常生活場景**：如何透過人工智慧輔助個人選擇出遊穿搭。

2）**工作場景**：如何透過人工智慧輔助企業自動化處理差旅報帳。

### 3.2.1　定點：確定場景中的應用點

　　人工智慧只有賦能場景，才能產生實際價值。描述好場景的第一步，是確定場景中哪些是合理的應用點，這需要先在場景中劃分出具體的、可以明確給出輸入和輸出的環節。如果跳過這一步，最後容易出現

## 3.2 AI 應用的五大步驟

以下兩種情況：

　　1) **選擇的場景太大，難以應用人工智慧**。比如透過人工智慧解決生產線控制的問題，由於生產線是由不同的零件加工、零件組裝成產品、產品包裝等階段組成，相同的階段內也有不同的環節，每個環節的機械設備執行步驟也不一樣，所以，難以透過一套演算法對這些不同的階段進行控制。一種合理的場景選擇，是找出生產線上效率最低的瓶頸環節，並透過人工智慧輔助人力來提高效率，如「辨識零件是否滿足標準要求」，來替代原先的人工辨識。

　　2) **場景太小，應用條件不足**。場景選擇不能為了使用人工智慧而用，否則容易出現「大材小用」的現象，比如飲料店店員為製作好的奶茶封口，用一個機械設備，搭配塑膠封蓋即可完成，是一個標準的依託於純機械設備即可完成的任務，無須應用人工智慧。

　　當我們得到具體應用人工智慧的場景後，可按照如下步驟，把場景內各個環節描述清楚，從中找到應用點，如圖 3-5 所示。

**01** 任務拆分

找到實施的具體環節　**02**

**03** 確定應用環節中的「輸入」和「輸出」

確定場景中的條件和限制　**04**

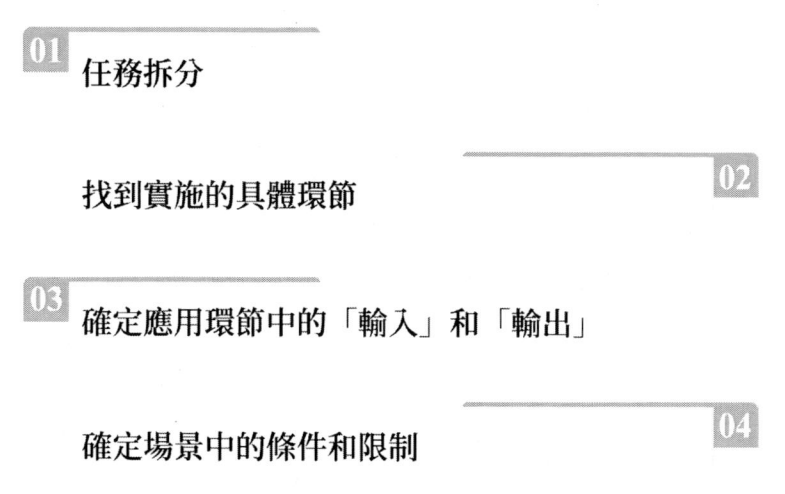

圖 3-5 確定場景中的應用點

115

## 第 3 章　人工智慧如何應用

**第一步，任務拆分。**

先要把任務整體拆分為各個具體環節，任務拆分時需要注意以下原則：

- 每個環節只完成一個具體功能，每個具體功能的輸入、輸出都是「確定的」、「無歧義的」，能夠明確到具體的數據類型和數據格式，如「電訊號」、「影片採集」、「聲音」等；
- 涉及使用者輸入的互動，其數據一定是單一屬性的資訊輸入，如文字、語音；
- 輸入和輸出環節之間需要明確、具體的執行處理環節，以防止環節切分過細。

以「出遊穿搭」的例子來說，整個任務可以拆分為如下環節，如圖 3-6 所示。

1) **獲取外部環境及使用場景**：當天的氣溫變化、天氣變化等外部資訊。

2) **使用者需求的輸入**：使用者的個人喜好以及今天的穿衣偏好，有無特殊需要參加的場合等。

3) **服裝搭配**：根據需求，為使用者輸出搭配好的上衣、下身穿搭，以及出遊所需的其他配套實用功能性服裝，比如下午可能天氣降溫、下雨，選擇一個和使用者主要衣著相搭配的外套。

4) **出遊配飾搭配**：根據選擇好的服裝，搭配一些使用者自己的配飾，如項鍊、手錶等。

## 3.2 AI 應用的五大步驟

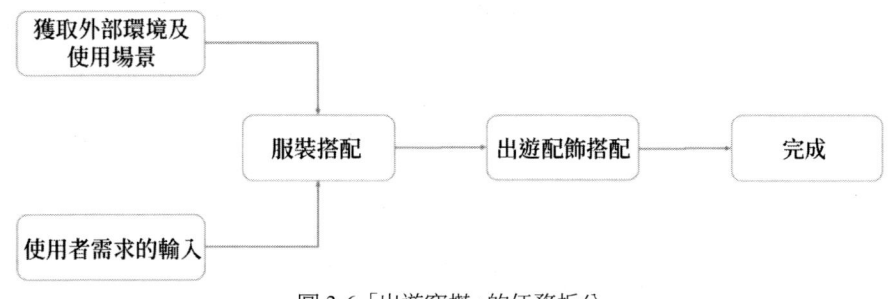

圖 3-6「出遊穿搭」的任務拆分

「差旅報帳」的整個場景,可以劃分為五個環節,如圖 3-7 所示。

- 整理需要報帳的發票;
- 在公司報帳系統中填寫報帳申請表,包含報帳總金額以及具體的報帳明細、報帳事項;
- 列印申請表;
- 黏貼發票收據;
- 提交財務部門進行稽核。

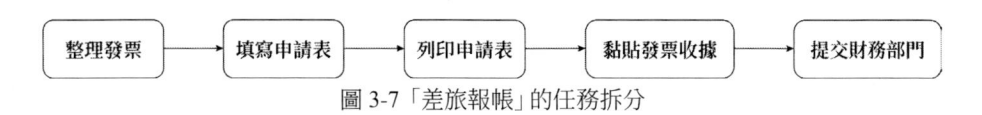

圖 3-7「差旅報帳」的任務拆分

**第二步,找到實施的具體環節。**

拆分任務之後,就可以找出人工智慧演算法能夠應用的環節,這些環節有如下幾個明確的特點:

- 一定是環節中輸入和輸出的數據都是明確的;

### 第 3 章 人工智慧如何應用

- 是可以透過一定程度的人工操作來完成的場景，這樣才可以透過人工智慧演算法進行抽象化，並將環節中的數據轉化成電腦可以辨識和處理的二進位制數據，進而應用人工智慧；
- 環節具備一定的重複性質。

在「出遊穿搭」任務中，使用者需求的輸入環節，可以用語音辨識的方式替代使用者的手動輸入，這樣在使用者刷牙、洗臉的時候，就可以完成穿衣偏好，以及出遊計畫的需求輸入。在「服裝搭配」環節，可以透過人工智慧圖像相關演算法來對服飾顏色和材質資訊進行提取，在不同穿衣風格中，判斷上衣、下身穿搭的搭配程度。

在「差旅報帳」任務中，使用者在報帳系統中填寫申請表時，用視覺技術辨識發票上的所有文字資訊，利用文字關鍵資訊提取技術，對票據的類別、金額等資訊進行提取，自動計算金額，匯總統計，用人工智慧替代人力輸入數據，減少手動輸入的錯誤。

第三步，確定應用環節中的「輸入」和「輸出」。

需要確定待應用環節輸入和輸出數據的以下內容：

1）**數據採集的方式**：如透過感測器裝置採集的原始、特殊數據情況的處理。

2）**數據格式**：是二進位制數、字串還是數值等。

3）**數據類型**：是整數類型、實數類型、布林類型、字元類型、指標類型還是組合類型。

4）**數據的要求**：如圖像大小、解析度的要求，及聲音數據對噪音的要求等。

5) **數據的量級**：用於訓練人工智慧的數據量有多少，特徵有哪些屬性。

6) **數據更新**：是否更新及更新頻率。還需要確定人工智慧輸出的數據如何使用，如對公司人臉辨識門禁而言，輸出為「是否屬於公司員工」，如果是公司員工，則開門；否則，通知值班保全人員。

透過對任務中的環節進行篩選，我們可以落實上述兩個任務中的具體工作：

1) **出遊穿搭**：根據使用者的喜好、出遊計畫及天氣等資訊，為使用者輸出一整身的出遊服裝。

2) **差旅報帳**：自動化辨識並歸類發票類別、金額，並自動化填入報帳申請表中。

**第四步，確定場景中的條件和限制。**

除了上文中需要確定的數據外，系統的相容問題、環境限制也是需要確定的。硬體類產品的使用環境、活動範圍、場景安全隱憂等場景邊界條件，也需要在設計產品前確立，不然會出現相容問題和資產損壞，比如用安全防護機器人替代保全人員，機器人在巡邏過程中誤觸其他開關或發生碰撞等情況。

通常從以下三個角度，確定應用場景中的條件和限制：

1) **如何和現有場景中的模組結合**：如何連結數據輸入、數據處理、數據輸出、數據決策各個模組，才能和系統處理流程中前後模組及功能連結，以順暢整個系統處理流程？可以將人工智慧演算法模型看成中間數據處理的一個模組，在和後續產生操作的模組結合後，才能發揮實際效用。

第 3 章　人工智慧如何應用

2)**環境要求**：是否存在特殊的使用環境，如極冷、極熱；是否存在和其他產品配合或干擾的情況，如果有，是哪些？

3)**系統的用量**：預估使用狀況，掌握系統訪問的請求狀況，合理做好服務架構的設計，以防出現大量請求引起系統無法及時處理，導致系統不可用的情況。

在「出遊穿搭」任務中，數據採集的來源為：使用者透過麥克風完成需求的輸入（語音），包含當日穿衣偏好和出遊安排計畫，語音轉化為文字後，需要從中提取關鍵資訊（字串類型的數據），當日氣溫則透過訪問網路的數據介面即時獲取。獲取數據後，進行數據預處理，標準化、歸一化，並輸入到演算法模型之中處理。處理好模型後，輸出處理結果，再將結果數據對應到已經編號的衣服，來告訴使用者如何搭配。外部使用環境的條件和限制，主要是聲音輸入的抗噪要求，如果系統無法正確辨識使用者輸入的內容，則需要進行進一步的詢問處理。

「差旅報帳」任務主要是對圖像的數據採集，之後都是透過機器進行文字資訊的提取和處理，所以對原始數據的輸入是有要求的，要求在攝影機採集時，輸入資訊的正面應對準攝影機，並盡量保持發票的清晰，減少折疊、油汙、磨損的情況。輸出則透過機器的 API 輸入到發票上報系統中。

## 3.2.2　互動：確定互動方式和使用流程

「人工智慧應用」不僅僅是應用模型，還需要設計好人工智慧和使用者的互動方式，有良好使用者體驗的產品，才能夠被使用者接受。

## 3.2 AI 應用的五大步驟

對於一款和使用者產生互動的產品，**互動方式不僅決定了使用者使用人工智慧的體驗，還決定了使用環境、輸入數據的類型和輸入方式。**這些內容都是我們在著手落實人工智慧前需要確定的，以防止模型訓練一半，因為使用者互動方式的修改，而造成訓練數據格式、數據屬性出現變化，那麼已經訓練完的部分，都要推倒重來。

**合理的互動方式設計，也可以幫助人工智慧系統封鎖部分雜訊數據。**人工智慧模型的效果來自數據，是從數據中學習表達、解決問題的能力，因此用於回饋學習的線上數據品質越好，對模型的效果越能產生正向作用。比如，不好的推薦系統的互動方式，可能會導致使用者誤點擊，從而產生不能即時被處理的雜訊數據，會錯誤表達使用者對推薦結果的回饋，進而誤導人工智慧錯誤理解使用者的需求。

下面分三種情況，介紹不同的應用場景下的互動方式。

### 1. 透過人工智慧演算法對已有產品進行升級

**保持和原有產品一致的互動方式，可以降低使用者的學習成本。**大眾對人工智慧的理解近似於「黑箱」，需要讓大家用熟悉的互動方式感知產品，這樣更容易上手，也更容易感知人工智慧在產品中發揮的作用。比如在軟體開發工程師寫程式時的程式碼補全場景中，利用人工智慧深度學習技術，根據工程師已經寫過的程式碼，推薦接下來所需要的代碼，比現有程式碼程式設計工具更能給出長度更長、更準確的推薦代碼。IDE（Integrated Development Environment，整合開發環境）本身有自帶的程式碼推薦，相比人工智慧推薦的代碼，IDE 自帶的程式碼推薦大多是單詞，且是基於規則給出的推薦。將人工智慧的長推薦插入原有的程式碼提示框中，用與原先 IDE 自帶推薦一致的互動方式，消除了使用

## 第 3 章　人工智慧如何應用

者的使用學習成本。透過兩種程式碼推薦方式的對比，使用者也可以感知人工智慧在該場景中的作用。

### 2. 用人工智慧替代原有系統中的解決方案

替代解決方案的產品，應減少或完全去掉人工手動的環節，來提高使用者的使用效率，讓場景內的服務更加便利、高效能地完成。比如業務中需要手動輸入資訊的部分，透過視覺辨識技術自動輸入資訊，更快、更準確地完成數據的輸入。如果場景不能滿足完全一致或更少的互動過程，可以按照「唯一性原則」，只增加唯一的互動步驟，如只增加透過單次語音、單次文字輸入、單次螢幕點選確認等。

### 3. 前所未有的新產品

在這種情況下，可以借鑑類似產品的互動方式，**將原有產品的使用方式遷移到新的使用場景中**。比如「人工智慧翻譯筆」，在語音翻譯技術成熟前，沒有此類產品，它的相似產品是「錄音筆」，二者的使用場景和環境是類似的，且產品的外形相似度也很高。互動方式的遷移，讓使用者減少了學習成本，更容易上手，且降低使用者內心對新產品的抗拒。

可以從以下三個角度尋找可借鑑產品，如圖 3-8 所示。

1) **數據一致性**：數據格式一致，包括輸入和輸出的數據。比如上面的例子中，「錄音筆」和「人工智慧翻譯筆」的輸入和輸出都是音訊，一個是用來記錄資訊，一個是進行音訊的轉換。當然，有的「人工智慧翻譯筆」還可以將翻譯出的結果透過顯示器進行文字顯示，幫助使用者在不方便聽取翻譯結果或周圍環境條件不允許聽取的情況下使用。

2) **結構屬性一致**：都是小巧、易於攜帶的，類似「寫字筆」。

3) **使用場景，目標使用者一致**：對於產品的使用者，兩個產品都有一個共同的目標使用者 —— 記者。使用方式的一致性，減少了記者對新產品的使用學習成本，以防因使用方式不當而影響工作。

### 數據一致性
數據的輸入和輸出格式一致

### 結構屬性一致
產品外觀、形態、結構、
便攜性等

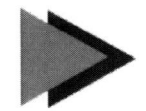

### 使用場景，目標使用者一致
使用環境、用途；
使用者、使用的操作流程

圖 3-8 確定可以借鑑的產品互動的三個角度

對人工智慧產品互動的設計選擇，除了上面的注意事項外，也可以參考如下準則：

第 3 章　人工智慧如何應用

- 在人為操作上，根據互動的複雜性，選擇的優先順序應該是：音訊優於觸控螢幕，觸控螢幕優於其他外接的輸入設備，如鍵盤；
- 預測使用者需求而主動提供服務，更優於使用者被動觸發；
- 使用過程配置簡單的流程說明，且突顯想要讓使用者操作的位置，對使用者的操作進行即時的回饋，以免使用者不知道自己的操作是否正確；
- 不要違背使用者頭腦中的固定思維，如「突出式」往往是按鈕，按鈕是用來按的，而不是設計一個突出的觸控面板，這樣可防止使用者出現誤操作的情況。

在「出遊穿搭」的例子中，使用者的輸入方式應該是透過語音進行資訊交換，使用者可以在吃飯、如廁的過程中，用語音輸入告訴穿搭系統今日衣著的要求。同時當系統給出穿搭建議後，透過顯示設備，告知使用者選擇服裝的樣子，以及在家中放置的位置，以減少尋找衣物的時間。

對於「差旅報帳」的場景，可以借鑑超市中的掃描裝置，將發票正面靠近攝影機的位置，即可完成發票內容的輸入，在這個互動過程中，還需要增加「發票辨識完成」的提醒，比如當使用者輸入一張發票後，用亮燈或語音播報的方式，提醒使用者這個發票已經辨識完畢。若因為位置不準確、發票摺疊等問題而造成攝影機無法正確辨識，使用者則聽不到或看不到發票辨識完成的提示，這樣就可以即時知道操作有誤，並進行調整。

除了面對實際使用者的應用場景外，很多場景下人工智慧的輸出，會連接到系統中的其他模組，這個時候，人工智慧會嵌入到原系統中的

某一環節，最終作為系統中一個集合人工智慧演算法的模組，這個模組和原系統中的其他模組產生互動，處理數據，執行一些自動化的任務，而非直接服務於人。在這種情況下，人工智慧應用需要確定的互動方式，包含以下三個部分：

**1) 和系統中其他模組的呼叫關係**：人工智慧模組數據來自系統中哪幾個模組的輸出？人工智慧模組的輸出，又連結到系統中的哪些模組？

**2) 和系統中其他模組的依賴關係**：人工智慧服務需要系統中哪些部分的支援？

**3) 系統各個模組對系統資源的影響**：比如不同模組對記憶體或 CPU 的占用情況。

這三個部分確定了當人工智慧應用於系統中某一環節時，和系統的其他模組是如何互動的。

## 3.2.3 數據：數據的蒐集及處理

確定好了具體應用的場景和互動方式之後，就該做數據方面的工作了，包含以下三個部分：

**1. 數據採集**

數據採集即透過感測器和其他數據採集設備，將數位訊號或類比訊號從被測量單元中採集並輸入系統。採集數據的類型不同，所使用的採集設備也不同，如溫度、溼度、光強等訊號，透過相應的感測器採集；影片、圖片等圖像數據，透過攝影設備採集；音訊等聲音數據，透過麥

### 第 3 章　人工智慧如何應用

克風採集。數據採集要盡量對干擾型雜訊做封鎖處理，以提高數據的品質。

在其他場景下，數據是預先準備好儲存在數據庫中的，數據的採集來自於應用人工智慧之後，對數據庫中數據的更新，比如用於推薦系統中，描述使用者喜好的數據庫。

**2. 數據處理**

訓練人工智慧模型前，要對數據進行處理，把蒐集到的數據轉化成電腦可以辨識和處理的形式，以得到我們需要的數據特徵。特徵會直接影響演算法模型的預測，它是用來描述數據內部結構資訊的。好的特徵除了能夠使人工智慧應用效果更好之外，還有以下三個優點：

1) **簡化建模、演算法選擇的工作**：特徵選得好，即使不使用非常複雜的模型，也一樣能夠獲得所需要的效能表現。

2) **便於維護、調整模型的參數**：在模型訓練過程中，有很多需要透過經驗或實驗來調整的模型參數，特徵建構得好，可以讓我們花更少的時間去尋找最佳的模型參數。

3) **運算速度更快**：由於模型複雜性降低，模型中需要計算的參數也會隨之減少，從而使運算速度更快。

數據處理包含「預處理」和「特徵工程」兩步驟，如圖 3-9 所示。Kaggle（數據競賽平臺）[1] 上有一句很經典的話：「**數據和特徵決定了機器學習的上限，而模型和演算法只是逼近這個上限而已**」。

3.2　AI 應用的五大步驟

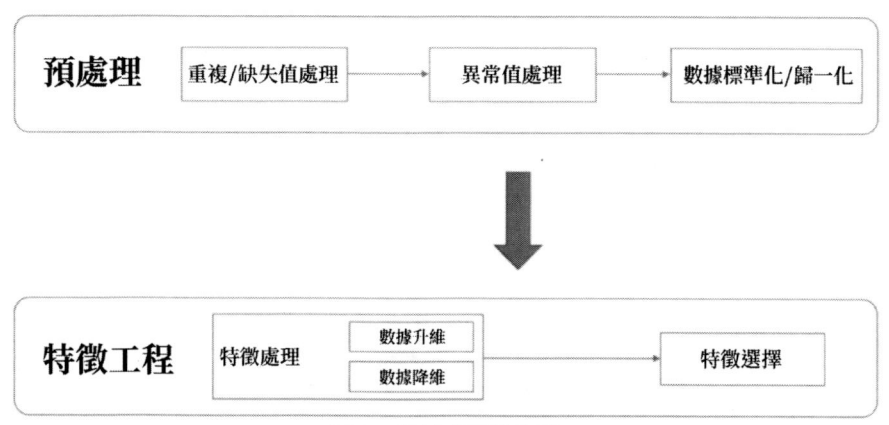

圖 3-9 數據處理的步驟

先要做「預處理」,如何把我們蒐集的原始數據,處理成電腦能夠辨別、計算的形式,是在「特徵工程」步驟前需要先進行的。

我們拿到的原始數據可能有以下問題:

**1) 不同的數據擁有不同的單位**:不同的數據,由於來源和採集方式不同,可能會出現單位不一樣的情況,比如對使用者付款統計來說,有的統計以「元」為單位,有的統計以「分」為單位,不同數據需統一標準、單位。

**2) 資訊冗餘**:在數據的部分項目中,有些定量的項目和我們的關注目標不一致,此時可以簡化處理數據項,比如在企業的生產製造中,出廠時間可能精準到「時」,如果我們只關心以「天」為單位的資訊,則可以將數據進行簡化。

**3) 定性的特徵處理**:比如「人的工作職位」或「一年四季」,這些數據隱含的意義是無法讓電腦理解的,因為它們是定性的特徵,需要將這些數據轉化為定量的特徵。比如可以將四季「春」、「夏」、「秋」、「冬」處理成數字「0」、「1」、「2」、「3」。

127

第 3 章　人工智慧如何應用

4)缺失值：由於數據採集過程中出現問題，原始數據可能存在一些缺失項。

5)異常值（數據雜訊）：有的數據受到環境影響或輸入錯誤，可能會有一些異常數據，讓原始數據引入了雜訊，比如對於年齡，可能手誤，多輸入一個「0」。

6)數據不一致：數據來源不同，很容易出現部分數據前後不一的情況，比如有的個人數據是儲存「年齡」，而有的個人數據是儲存「出生日期」。

7)數據重複：數據可能存在多次輸入而造成部分數據重複。針對以上這些問題，在「特徵工程」步驟前，需要將數據透過「預處理」來得到標準的、統一的數據集。處理的過程，可以分為以下幾步：

**第一步，重複／缺失值處理。**

當數據項存在缺失時，為了提高數據整體的完整性，可以採取以下方法，對數據進行處理，如表 3-1 所示。

表 3-1 重複/缺失值處理

| 處理方法 | 適用範圍 | 優點 | 缺點 |
| --- | --- | --- | --- |
| 直接刪除 | 缺失數據比例較少時 | 處理簡單、方便 | 樣本資訊減少，改變原數據分布 |
| 均值或中位數替代 | 缺失項數據分別呈現一定規律，如常態分布等 | 不減少樣本資訊 | 數據非隨機產生時，容易產生偏差 |
| 隨機差補 | 缺失數據較少，缺失項取值範圍較少 | 簡單、易操作 | 容易帶來誤差 |
| 建模補充 | 透過「最近鄰」等方式尋找相似樣本，用相似樣本屬性來替代缺失值 | 不減少樣本資訊，符合原始數據分布 | 操作複雜 |

對於重複的數據，如果在場景中這些重複數據是有意義的，比如使用者在同一時刻操作同一內容，則無須進行處理；但如果重複原因是因重複的數據採集等問題導致的，則需要去掉重複的數據。如果重複的是具體數據中的某一項，比如使用者數據中的年齡和出生日期，二者含義相同，只是表示方式有差別，則可以去掉其中一個，只留一個容易被計算處理、用明確定量表示的數據項即可，比如去掉「出生日期」，保留「年齡」。

**第二步，異常值處理。**

異常值處理的重點在於判斷哪些數據是異常的，通常需要對數據進行相關統計和分析（如直方圖等），並對數據的平均值和變異數進行統計，透過數據視覺化等方式，發現一些異常的取值情況，比如年齡超過「200」或者為「負數」。在我們對不同的屬性數據進行視覺化時，可以一目了然地發現這些異常數值，進而將它們從數據集中去除或修正。

判斷數值是否異常，有兩個常見的方法，第一個方法是統計分析，比如我們可以假設數據項服從「常態分布」，然後透過計算平均值和變異數，根據「3σ 原則」[1]，看看哪些數據與平均值的樣本距離超過 3 倍數據標準差。如果數據不遵循常態分布，則需要根據經驗和實際情況，看看樣本與平均值的距離，如果超過一定範圍，則可以判斷為雜訊數據。第二個方法就是透過「客觀事實」來判定，比如商品重量遠超過合理範圍等。

對於這些異常數據，最簡單、省事的處理方式是刪除有異常的數據項。當數據量不足時，也可以對樣本數據進行修正。修正的方法參考缺失值的處理方法，可以用平均值或中位數來替代異常數據項，也可以將

---

[1] 在常態分布情況下，大約有 68% 的數據落在平均值加減 3 倍標準差的範圍內。

異常數據標注為新的類別。數據的異常可能也反映了客觀事實的某種特殊情況，直接刪除不利於我們發現場景中潛在的問題。

**第三步，數據標準化／歸一化。**

數據不標準主要是由於不同數據項的單位、標準不一致，因此數值上的差異會很大，進而影響最終的效果。將不同數據項按照比例進行縮放，使數據能夠落到一個特定的範圍內，比如 0～1，可以有效消除單位和取值差異，這也是很多機器學習演算法的要求。比如對一個人身體健康程度的分析，可能的數據項包括「身高」、「體重」，其中當身高的單位是「公尺（m）」時，數值範圍在 1.5～1.9，而當體重的單位是「公斤（kg）」時，數值範圍是 50～100，這樣的數值分布，如果不加以處理,，對之後健康程度的預測，將會偏向數值普遍較大的「體重」，影響模型的預測效果。標準化、歸一化的操作，還可以提高後續模型訓練過程中的收斂速度。標準化、歸一化處理有很多常見的方法，比如「Minimax 演算法」、「Z-score 標準分數」等，具體可以查閱相關技術文獻。

對文字類型內容的預處理，主要的過程如圖 3-10 所示。

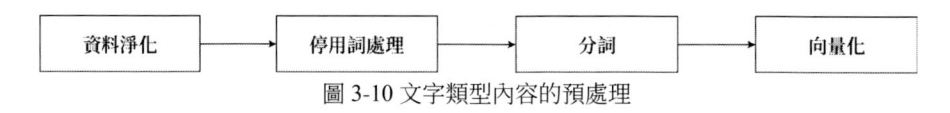

資料淨化 → 停用詞處理 → 分詞 → 向量化

圖 3-10 文字類型內容的預處理

**第一步，資料淨化**。由於數據來源不同，文字中可能混雜一些特殊的標籤和符號，比如當數據來源於網頁時，會有一些「HTML 標籤」、特殊文字標記「 」等。

**第二步，停用詞處理**。停用詞是指那些沒有必要存在的詞，去掉之後，對整個句子含義沒有任何影響，比如「語助詞」、「代詞」、「虛詞」等。

**第三步，分詞**。將連續的句子劃分為一個個詞的過程，便於後續將詞進行向量化的處理。

**第四步，向量化**。將分詞處理的結果去除重複後表示，被稱為「詞向量」，即電腦可以處理的形式。

對於圖片類型的內容，為了減少資訊的損失，一般只做一些基本的處理操作，如圖 3-11 所示。

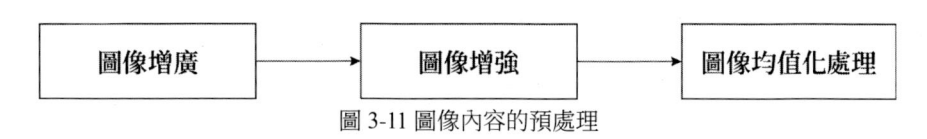

圖像增廣 → 圖像增強 → 圖像均值化處理

圖 3-11 圖像內容的預處理

**第一步，圖像增廣**。為了提高模型的廣義化能力，在圖像處理任務中經常擴充數據集，比如目標檢測或圖像辨識時。「圖像增廣」是對數據集中的圖片做一系列的旋轉、縮放、切割等操作，利用深度學習中卷積神經網路的平移不變性和旋轉不變性特點，即圖像中物體位置變了，依然可以將其辨識出來，從而可以有效擴充數據規模。

**第二步，圖像增強**。即透過圖像銳化、去雜訊、灰度調整等方法來改變圖像的視覺效果，面對場景需求，將圖像數據轉換成更合適的形式，來抑制圖像中一些無用的資訊。

**第三步，圖像均值化處理**。即在每一個特徵屬性上（RGB 每個通道的畫素）做減去均值的處理，有的演算法要求再除以變異數來進行「白化」處理，以使各通道上的畫素值都在同樣的範圍內；也有演算法需要將圖片大小都調整為統一的寬度、高度，因此有時也要調整圖片大小。

數據預處理完成後，就要進行「特徵工程」來得到我們需要的特徵。

特徵工程就是人工把原始數據轉換成特徵的過程，即由人設計後續

### 第 3 章　人工智慧如何應用

模型的輸入變數,將原先的 X 轉換為 X' 的過程。對機器學習來說,好的特徵能夠提高模型預測效果,並防止訓練陷入「擬合不足」或「過度擬合」。在此需要說明一下,深度學習由於層數和參數較多,表達和學習特徵的能力更強,因此在很多情況下,不需要對預處理之後的數據進行更多處理,模型可自動學習特徵的表達。

特徵工程的主要步驟可以分為「特徵處理」和「特徵選擇」。

**第一步,特徵處理:升維、降維。**

「升維」是在數據屬性較少的情況下做的特徵組合工作。有時候可能只有幾十個基礎的、可以處理的變數,而其他變數缺乏實際含義,比如使用者的地址、職業、購買紀錄等,這些變數不適合直接建模學習,但透過一定的特徵組合之後,這些變數可能具有很強的資訊。

**「特徵處理」的過程類似於「擁有領域經驗的人」能夠從數據中看出數據之間的隱含關聯**。透過特徵之間的組合等方式,將原有較少的特徵,透過處理,變成新的、更多的特徵,從而在數據中表達出潛在關聯性。比如對於新聞內容,特徵有「體育」、「財經」、「科技」等,而看新聞的使用者的職業特徵有「教師」、「工程師」、「醫生」等,將「內容」和「職業」兩個特徵屬性進行組合之後,數據就可以用於「不同職業使用者對不同內容類型新聞的喜好預測」。

「降維」是指用更少的特徵,在資訊衰減的情況下表示原先的數據。當數據的特徵項過多時,此時特徵的處理、學習等操作所需要的計算量會很大,可能會影響數據處理的效率。因此,為了降低人工智慧模型的學習時間和計算成本,挖掘特徵之間的相關性,常常對數據進行「降

維」。常見的方法如「主成分分析」[2]（Principal Components Analysis，PCA）、「線性判別分析」[3] 等。

**第二步，特徵選擇。**

「特徵選擇」和「特徵處理」是同時進行的，要選擇最有效的特徵，輸入到模型中進行訓練。那麼，如何判斷得到的特徵是否合適呢？

可以從以下四個方面進行考量：

第一個是所選擇的特徵和人工智慧要預測的目標相關性是否很強，需要計算各個特徵和待預測變數的相關係數，透過「計算相關係數」[4] 或經驗判斷，選擇相關性高的特徵。比如，預測當日平均氣溫，透過感測器蒐集空氣溼度、氣壓以及過往氣溫變化等資訊，分別透過歷史氣溫數據，計算每日氣溫和這些當日氣候指標的相關性，從中選擇幾個指標作為預測氣溫的數據項；也可以透過領域內專家的經驗，判斷特徵和目標的相關程度來進行選擇。

第二個是透過每個特徵為數據集帶來的資訊增益大小來判斷[5]，特徵攜帶的資訊越多，該特徵對結果越有用。比如在判斷使用者購買商品的喜好時，使用者一週內瀏覽商品的特徵和使用者主動收藏店鋪的特徵，就會比一年前使用者瀏覽商品的特徵更有效。

第三個是透過特徵的變異數來判斷特徵的發散程度。當變異數趨近於 0 時，表示這個特徵大致上沒有什麼差異，因而對目標判斷沒有用。比如為了某特徵而採集的數據幾乎沒有變化，但需要預測的目標結果變化較大，那麼這個特徵相對於其他變化較大的特徵項，對最終判斷預測目標的影響就較小。

第 3 章　人工智慧如何應用

第四個是透過抽取部分特徵，用於訓練和測試來判斷，即每次選擇一定的特徵進行模型訓練，然後選擇讓最終目標函數結果最好的特徵。比如特徵有 100 項，從中隨機選擇 25 項特徵進行訓練和測試，將多次實驗的結果進行對比，逐步排除訓練結果差的特徵項，最終得到一組特徵，再用於實際的應用場景中。

**3. 數據回饋：建構持續最佳化系統的數據循環**

當我們得到了可以應用的人工智慧模型，並把它部署之後，如何建立一個數據回饋流程，以便持續從實際場景中獲取數據來最佳化模型，達到更好的使用效果呢？

**你的人工智慧系統需要的是持續穩定的數據回饋，來持續最佳化系統。**

為什麼數據回饋是尤為重要的？

一是因為當環境發生改變時，實際數據和訓練人工智慧的數據會產生一定的變化，因此人工智慧輸出的結果可能是不準確的。人工智慧模型需要依託實際回饋數據進行進一步訓練、演化，才能將場景內的「變化」回饋到人工智慧模型上，及時修正人工智慧的輸出結果，以提供安全、穩定、即時的服務。

二是因為人工智慧需要為使用者提供個性化的服務，使用者可能是個人、團隊、公司，個性化的需求會隨時間發生變化，這決定了**人工智慧模型不是一次性工具，而是一個持續回饋的**系統。例如，Google、Yahoo 等網路公司的搜尋引擎，能夠根據使用者點選及輸入等操作，蒐集到使用者點選和瀏覽的數據，抽取關鍵特徵，並回饋到後臺演算法中，來調整最佳化模型的參數。神經網路訓練好後，能用於對使用者行

## 3.2 AI 應用的五大步驟

為的預測,最佳化搜尋引擎的排序結果,進而改善使用者體驗。

所以在開始設計系統模組時,就應該建構數據回饋模組,從服務輸出的終端,蒐集對實際效果回饋的數據,再用這些回饋數據訓練、調整人工智慧模型參數。使用調整後的人工智慧模型,又產生新的回饋數據,這就形成了數據回饋循環。工具類型的人工智慧產品,可能不具備線上學習的功能,需要人員預留數據回饋的機制,將使用者的使用數據透過紀錄檔案記錄在裝置或雲端中。執行一段時間後,再基於這段時間的數據統計資訊,手動把新增數據輸入到訓練數據集中,匯入系統,進行「離線」的模型調整,之後再在場景中應用新的人工智慧模型。

在前面的例子中,「出遊穿搭」系統的輸出數據,是給出推薦的出遊衣著,使用者實際是否採納了系統推薦的穿搭,展現出系統推薦模型的使用效果。若使用者對推薦結果不滿意,可以再次透過語音對話的方式進行輸入,告訴系統自己需要的相關資訊。比如「這件衣服太舊了,想穿較新的衣服」,系統在獲悉使用者的回饋後,就可以進行推薦結果的調整,並提高原演算法,對使用者喜好中的「購買時間」相關權重的特徵進行增強。

對於「差旅報帳」的場景,由於需要人工智慧演算法的地方是對圖像資訊進行辨識和提取,這裡的人工智慧是有工具屬性的,不適合進行線上學習和更新,這就需要在實際場景中儲存最終系統輸出是否正確的例子,來作為「正負樣本」,讓企業財務人員在最終稽核階段,對系統演算法的分類和辨識效果,進行最終確認(有問題的發票資訊,辨識、記錄為「負樣本」;沒問題的發票資訊,辨識、記錄為「正樣本」),之後將累積的數據新增到演算法的訓練數據集中,來最佳化人工智慧模型。

第 3 章 人工智慧如何應用

## 3.2.4 演算法：選擇演算法及模型訓練

需要根據數據類型和任務來選擇合適的人工智慧演算法。人工智慧演算法種類繁多，不同演算法的適用範圍、算力要求、可解釋性程度均是不一樣的，在實際中，需要根據場景的輸入和輸出、準確率要求、效能要求（運算速度），以及經濟開銷等綜合進行選擇。很多開發者會優先選擇神經網路模型，但其實不能說神經網路模型在任何情況下都比其他機器學習演算法更有優勢。

演算法選擇不當、未跟場景匹配，會造成以下三個明顯問題：

**1) 浪費計算資源**。不同的演算法對電腦硬體配置的要求是不一樣的。比如對基礎的機器學習相關的演算法，是可以在常規電腦的 CPU 上執行的，但對於深度學習演算法模型來說，由於模型參數較大、層數較多，需要相應大規模計算效能裝置的支援，使 GPU 等輔助處理器成為一種必需品，而這些加速計算的晶片，需要額外付出成本，且價格不便宜。比如圖像辨識，辨別手寫體數字，在保證速度的前提下，不需要額外的 GPU，使用個人筆記型電腦即可，如果因為使用深度學習模型，如因卷積神經網路而用了 GPU，那 GPU 就變成額外的經濟成本。

**2) 提高人工智慧模型偵錯難度和時間成本**。不同演算法的複雜度不同，複雜度越高的演算法，可解釋性越差，當實際使用中出現問題時，就會越不易定位問題，無法及時處理。在商業決策中，常常會碰到可解釋性的問題，如一個由智慧演算法給出的推薦建議是否合理、人工智慧是否按照最初的設計進行工作、有沒有其他因素干擾到決策……無法解釋這些問題，將影響智慧決策的系統性。很多做推薦系統的企業中的個性化推薦，用的是最簡單的 logistic 回歸（Logistic Regression，LR）[6]，

就是為了在推薦效果不好時,能夠盡快發現問題,並調整模型參數,來讓推薦效果更符合預期。

**3)不合適的演算法無法滿足場景應用要求**。因為不同模型對數據的品質和數量是有要求的,且有的演算法只能解決特定的任務,比如應用於分類任務的多分類決策森林模型,由於輸出是用於分類,就無法應用在預測具體數值的回歸任務中。對於網路層較深的深度神經網路模型,當訓練數據過少時,很容易陷入過度擬合狀態,無法達到能夠應用使用的程度。人工智慧在具體場景的應用,需要在準確率、召回率、執行速度等指標達到一定要求之後才能進行,尤其是在很多商業場景應用的情況下。

我們在選擇合適的演算法模型時,主要考量的就是場景中的具體條件以及不同演算法、模型在數據集上達到的數據指標。將這些需要考量的因素分成以下五個方面,如圖 3-12 所示。

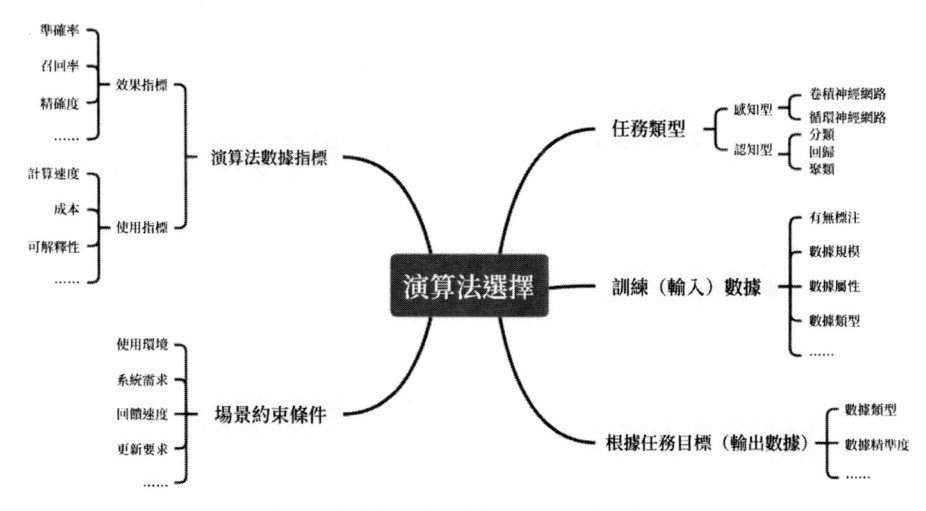

圖 3-12 選擇合適的演算法考量的因素

第 3 章　人工智慧如何應用

1. 任務類型

應用場景的任務屬於「感知型」還是「認知型」。

「感知型」是透過人工智慧賦予機器模仿人類辨識資訊的能力，來獲取資訊的輸入，將視覺、聽覺、觸覺等資訊轉化成電腦儲存的格式，並透過辨識來對相關資訊進行第一步處理，典型場景如音訊、影片、圖像等含有豐富資訊量的使用場景。「感知型」任務適合採用如卷積神經網路[7]、循環神經網路[8]等深度神經網路種類的演算法。

「認知型」任務則是根據已有的數據去做決策或預測未來走勢，適合使用機器學習相關技術，通常分為分類、回歸、聚類三種類型。

2. 訓練（輸入）數據

如果想要預測目標變數的值，且訓練數據是帶標籤的數據，則可以選擇監督式學習演算法。監督式學習演算法是基於樣本集做出預測，演算法訓練過程中的輸入數據，包括用於處理的數據和期望的輸出數據，以它們作為標注過的數據。比如，某商品的歷史銷售紀錄可以用來預測其未來的價格，演算法會分析訓練數據，並學習到從輸入數據到輸出數據的函數對應關係。

如果你擁有的是未標注過的數據，且希望從中找到有用的資訊，那麼這就屬於無監督式學習問題，「K 近鄰演算法」、「LDA 主題模型」、「主成分分析」等，就是待選擇的演算法，此時需要自動地發現數據中潛在的固有關係模式，比如透過聚類分析演算法，對樣本數據集進行分組。

如果輸入的是圖像、影片等屬於電腦視覺領域的問題，則使用卷積神經網路模型。

如果輸入的數據是對話、文章等語言文字的相關數據，則使用循環

神經網路模型。

如果你想要透過與環境的互動來最佳化一個目標函數，讓人工智慧能夠按照你設計的規則，自動去學習如何完成任務，那麼就是一個強化學習的問題。強化學習是透過環境的回饋資訊，對人工智慧行為做出分析和最佳化的演算法。此時人工智慧不是被指示該採取哪個行為，而是會自主地嘗試不同的行為，並找到能夠獲得最佳回饋的行為。

### 3. 根據任務目標（輸出數據）

如果輸入數據用於預測其所屬類別，那就是一個分類問題，即當輸出預測值是離散值時，對於數據特徵較多的場景，適合支援向量機；對於精準度要求高、記憶體較大的場景，適合多分類決策森林；對於簡單、可解釋性要求高的線性模型場景，適合 logistic 回歸。

如果模型輸出是一個（連續的）數字，就是一個回歸問題。根據過去和當前的數據，對未來數據進行預測，常用於分析某事件的趨勢，當需要預測的事件發生次數多時，適合採用泊松回歸；當數據量較少時，適合採用貝葉斯線性回歸；當對數據進行分類排序時，適合採用排序回歸。

如果模型的輸出是一組用輸入數據劃分出的簇（叢集），那這就是一個聚類問題。

### 4. 場景約束條件

使用場景下的客觀約束條件是什麼？對儲存數據容量是否有要求？對系統的處理速度是否有要求？嵌入式的 ioT 裝置，可能無法儲存以 GB（吉位元組）為單位的模型和演算法，或無法即時對以 GB 為單位的大量數據進行分析和處理；有的場景對人工智慧的預測速度要求很高，比如

## 第 3 章 人工智慧如何應用

自動駕駛，需要盡快讓車輛對道路標誌、道路狀況進行監測，以免發生交通事故；有的場景對模型的學習速度有很高的要求，需要快速訓練，比如聊天機器人，需要盡快在對話的語境中，找到使用者的訴求，使用不同的數據集即時更新模型。我們可以從時間、演算法準確率、數據處理吞吐量、互動方式、環境要求這五個屬性進行思考。

### 5. 演算法數據指標

模型的複雜度決定應用的準確率、速度、部署需要的硬體成本等，因此我們在人工智慧應用的過程中，也需要結合實際場景考量數據指標。一般複雜的模型具備下列特徵：

- 可以支援訓練數據包含更多的特徵屬性，如可以對上千個、而不是幾十個特徵進行學習；
- 需要更多的算力；
- 前期數據預處理工作會更複雜，如主成分分析、特徵交叉分析等；
- 更慢的執行速度，參數越多，需要的算力越大，在算力相同的情況下，越複雜的模型，執行速度越慢。

我和很多演算法工程師在關於人工智慧應用的交流中，發現目前業界普遍的做法更為簡單，對於圖像處理，用卷積神經網路模型；對於語音和文字處理、自然語言理解相關的任務，則使用循環神經網路模型；對於預測、分類等大數據任務，則使用最簡單的 logistic 回歸即可。這樣的演算法選擇，可以在大部分場景中得到一個任務完成的基線模型，之後再透過調整模型結構、參數，或使用多模型整合處理等方法，進一步增強效果。

## 3.2 AI 應用的五大步驟

在前面的例子中：

「出遊穿搭」輸入數據是使用者日常的穿搭選擇和喜好，以及當日行程計畫、溫度變化等數據，輸出數據是使用者服裝選擇，因此在這個場景中，可以選擇可解釋性強的「決策樹」模型。「決策樹」模型是一種樹形的網路結構，其中每個節點代表在某個屬性上的一種選擇決策，而每個分支則代表一個判斷條件，它是一種常用的分類方法，同時也屬於監督式學習。使用者的穿搭喜好和氣溫、天氣情況、日程計畫代表「屬性」，最終輸出的穿搭服裝，就對應著最終決策樹輸出的「類別」，透過歷史數據，將它們組成訓練數據。學習的過程，就是從這些數據中得到一個樹形的分類器，如圖 3-13 所示，每個「葉子節點」對應「根節點」，所經歷的路徑，就代表使用者每一次輸入、給出的輸出判斷路徑。

「決策樹」屬於機器學習的一種，易於理解和完成，無須額外的技術背景也能在模型建立後理解決策樹模型輸出所表達的含義。

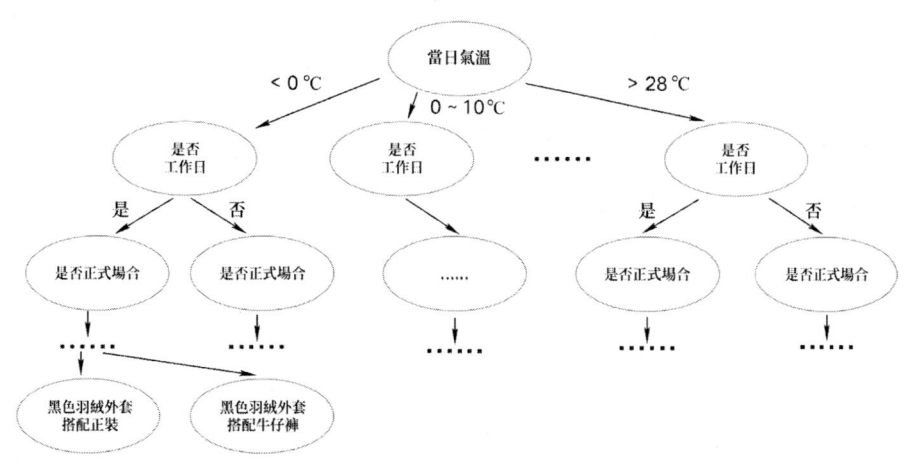

圖 3-13 決策樹示意圖

第 3 章　人工智慧如何應用

　　「差旅報帳」是一個圖像辨識問題，可以先使用卷積神經網路模型，從圖像中提取資訊（待提取的資訊包括每張發票的金額以及類別），之後透過神經網路模型，將每張發票進行分類，按照類別將對應發票歸類，將同類發票金額進行匯總即可。需要注意的是，要將人工智慧辨識資訊和對應的數據項相匹配，比如將辨識的數字和發票金額對應，人工智慧模型辨識輸出的內容，再透過一定的處理規則，分別對應到待辨識項目中，這裡的處理，可以採用正規表示式的方式，從辨識的數字和文字內容中匹配。

　　從實施人工智慧的角度來看，也需要和數據處理部分相結合，進行反覆調整和測試，最終達到所需的應用效果，整個過程如圖 3-14 所示。

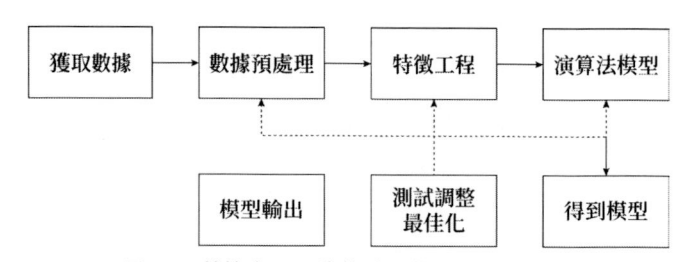

獲取數據 → 數據預處理 → 特徵工程 → 演算法模型

模型輸出　　測試調整最佳化　　得到模型

圖 3-14 數據處理及演算法調整和最佳化過程

## 3.2.5　實施：人工智慧系統實施／部署

　　當人工智慧演算法、模型的數據指標能夠滿足場景的要求後，下一步就是部署實施階段，將人工智慧模型部署到系統中，並且按照設計好的互動方式，將各個系統模組連結在一起，完成最後的應用工作。

　　在經典的電腦程式系統中，程式就是我們設計的執行規則，當輸入

需要程式處理的數據後，系統輸出的結果是確定的，因此我們可以透過對比「正確答案」和執行結果，來確認計算規則的正確性。但在人工智慧系統中，輸入的是數據和輸出結果的標注數據，人工智慧系統經過訓練，輸出的是模型，即「執行規則」，因此在沒有「正確答案」進行驗證的前提下，除了正常的部署之外，還有監控／預警模組、系統保證方案。另外，人工智慧會有「胡說八道」的「幻覺」問題，故而輸出結果也需要經過正確性驗證及效能驗證，來確保應用的服務是穩定可行的，整個部署的過程，如圖 3-15 所示。

設置監控／預警模組 ▶ 系統保證方案 ▶ 正確性驗證 ▶ 效能驗證

圖 3-15 實施／部署

### 1. 設置監控／預警模組

為了確保服務的穩定和良好的執行狀態，系統中需要設有監控／預警模組來檢測可能出現的異常情況，如系統故障、請求超時等，這些會影響使用者體驗和服務的正常執行。複雜的應用環境會加劇人工智慧系統的脆弱性，及時發現、定位問題，才能採取有效的方法及時修復和最佳化。監控就是用來對系統的執行情況進行觀測，即時掌握每個模組的執行狀態。當有異常或故障發生時，監測系統指標的變化會觸發告警規則，從而向系統維護者發出警告提醒，以及時維護系統。因此對人工智慧系統進行可用性測試或部署服務前，需要制定可靠的監控／預警模組，這一步將直接影響應用的品質和穩定性。

需要從以下四個方面對人工智慧系統進行監控：

**1）監控服務狀態**。人工智慧和其他軟體服務一樣，都是透過各服務模組之間的呼叫和執行來完成數據的處理、傳遞、邏輯執行，這部分的

## 第 3 章　人工智慧如何應用

監控，是對服務介面的工作情況，以及是否有異常丟擲情況進行觀測。比如以一定的時間頻率對服務介面進行請求，然後對回傳內容的欄位和狀態碼進行檢查，看看是否有異常情況出現。請求回傳的欄位內容，可以模擬真實的呼叫請求，當回傳結果異常時，可以按照介面設計規範，對問題進行逐一審查。

2) **監控系統輸入數據**。人工智慧模型的輸入數據需要經過預處理環節，當有異常情況發生時，輸入數據與正常數據會有很大差別，比如標準差幾個數量級或格式不符合輸入規範。這些問題常由於環境發生變化、訊號採集裝置出現損壞或使用不當造成，因此在數據的預處理環節，需要對數據的格式、取值範圍進行校驗，對數據欄位超出合理的範圍或不符合輸入規範的情況進行預警。比如我們將人工智慧攝影機作為公司門禁時，常因人距離攝影機位置較遠，難以給出正確的辨識結果，這時就需要提醒到訪者移動到合適的位置再辨識。

3) **監控人工智慧系統的實際表現**。當輸入數據正常時，也會由於原先模型訓練過程中使用的訓練數據未能覆蓋部分場景，而影響系統的表現。當場景內有在訓練數據集中不包含的特殊情況時，如因為使用環境發生改變而造成系統輸入數據和原先有較大出入，那麼模型就很難快速學習到如何處理這種突發情況，可能導致系統突然失靈，從「人工智慧」變成「人工智障」。隨著時間的變化和數據的演化，人工智慧模型的效能會逐漸下降，當模型按照系統的準確率要求，無法擬合當前數據的情況時，就需要重新訓練、評估、部署以更新模型，這意味著，需要對這些低於預期的數據進行人工標注，並將這些數據和原先用於訓練人工智慧模型的數據一起重新用於模型訓練。比如，在某一段時間，某個推薦系統可以滿足業務需求，但隨著使用者數據的變化和成長，以及熱門內容

的變化，一段時間後，該推薦系統的準確率可能會下降，進而無法滿足需求，那麼模型便需要重新訓練。

**4) 監控系統用量指標**。由於訪問激增帶來的壓力或外在不可抗力（如設備硬體出現損壞、電磁干擾、攝影機鏡頭毀損）等情況，將影響系統的正常執行，這些外部因素會造成系統的服務用量激增或斷崖式降低。透過監控系統的訪問延時、硬體資源使用的飽和程度、使用率、錯誤率等指標，發現有異常情況時，及時通知相關營運人員進行修復。

**2. 系統保證方案**

除了監控之外，為了減少人工智慧系統出現問題時對業務和服務的影響，還應設定異常情況下的保證方案，尤其是當應用的人工智慧方案是部署在某系統中的一個環節時，如果因為人工智慧部分出現了故障，可能會導致整個系統的無法使用。比如很多引入推薦系統的 APP、網站，由於推薦系統出現問題，可能會發生無推薦內容回傳的情況。

「監控」更偏向於對服務「內部」的問題進行管理，「保證方案」更傾向於對系統「外部」輸出呈現的結果進行最佳化，其整體如圖 3-16 所示。

在設計保證方案前，我們需要先透過測試，來看看系統可能出現哪些異常的輸出情況，可用以下兩種方法來發現：

**1) 非常規數據輸入**。改變輸入數據中部分欄位的格式、取值，或輸入明顯與業務無關的雜項，來看看人工智慧的回饋結果是什麼，是否會出現異常。比如對客服機器人，可以改變話術來諮詢，和客服機器人的對話，輸入的是自然語言，自然語言想表達同一個意思，可以有各種表達方式，看看是否能夠給使用者合理的答覆，如果使用者問的問題和場景無關，或者不在可解答的問題範圍內，可以透過一些引導來提示使用

者；再比如，對於人臉辨識，畫上濃妝或對臉部進行一系列不同局部的遮擋，看看系統能否進行正確辨識。

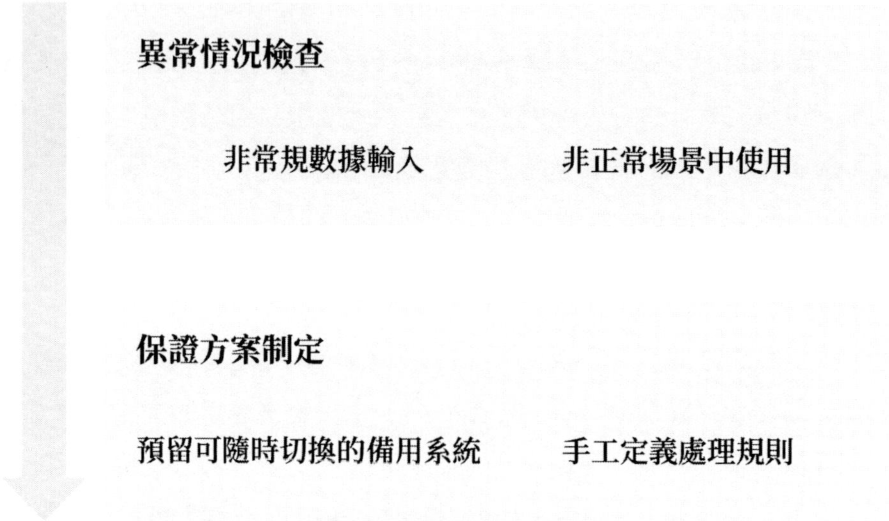

```
異常情況檢查

    非常規數據輸入        非正常場景中使用


保證方案制定

    預留可隨時切換的備用系統    手工定義處理規則
```

圖 3-16 保證方案需要做的事

2) **非正常場景中使用**。人工智慧產品或解決方案的使用場景，都是有一定範圍的，難免在實際情況中會出現一些意外情況，比如在家裡開著電視的場景下使用智慧音響，電視機和室內的聲音可能會干擾語音控制指令的輸入。在對應的場景下，窮舉可能影響人工智慧正常執行的因素，然後在這些場景下，對其表現進行測試。對於不符合預期的表現，可以根據環境或輸入設定規則，進行處理或封鎖。一般以圖像或聲音作為輸入時，人工智慧受到的環境影響會較多。

人工智慧系統具有一定的不確定性，因此有些問題和場景在測試過程中難以被發現。「預留可隨時切換的備用系統」和「手工定義處理規則」是有效處理異常場景的保證方法。

**1）預留可隨時切換的備用系統**。當監控系統發現人工智慧系統當機或服務出現問題後，如果想要在不明問題的情況下，先恢復服務，那麼在事故發生時，可以直接將人工智慧服務切換到備用系統，之後再對問題進行除錯。同時預留的備用系統，在主系統正常服務的情況下，可以進行服務的模擬和再訓練。因此，「雙服務」系統的部署、預留，不是浪費資源。

**2）手工定義處理規則**。在人工智慧系統外部，對異常情況進行處理。在系統能夠處理之前，需要制定預警機制，以發現潛在的位置情況和問題，及時預警告知，且需要有對應的策略來防止意外發生。對於推薦系統無推薦內容回傳的情況，可以引入隨機性的推薦或熱門推薦等和人工智慧系統無關的推薦方式，作為保證方案，以確保使用者在訪問網站、APP 的時候能看到內容，而不是面對空白頁面手足無措。

### 3. 正確性驗證

人工智慧系統正確性驗證的準則很難確定，比如，當我們透過生成對抗網路（Generative Adversarial Networks，GAN）[9] 來生成圖像時，如何判定生成的圖像品質和實際樣本足夠相似？我們訓練的模型是否能夠在真實場景中產生一樣好的效果？在很多情況下，訓練的準確率很高，但一到線上就不靈敏了，你的模型並沒有看起來那麼好，數據分布不一致、線上線下特徵不一致……都可能是導致這個問題的原因。所以當我們想要上線一個訓練好的模型時，需要進行 A/B 測試，來看看是否會有一些問題，無論是當人工智慧系統上線時，還是之後模型的更新時，總會有一些東西是你無法提前預料到的。

第 3 章　人工智慧如何應用

比如用人工智慧將英文翻譯成中文，需要按照設計好的互動方式來使用產品，對系統輸出結果進行驗證。需要預先準備好不在訓練數據集中的輸入數據，以作為測試數據，檢驗人工智慧是否可以預測或推薦合理的結果，是否符合我們的預期。既可以採用人工驗證的方式，又可以透過批次輸入測試數據來自動完成測試。嵌入到系統中的解決方案，在正確性驗證上會更嚴格一些，因為涉及整個系統是否能夠暢通。輸入數據和輸出數據的格式、取值範圍、預處理的過程數據，都要一一驗證。

**4. 效能驗證**

人工智慧的執行效能也是保障使用者體驗的重要一環，系統的效能依賴數據，數據規模、數據品質、數據類別是否平衡，都會影響系統的效能。系統效能驗證需要看是否能夠滿足要求，如達不到速度要求，容易影響使用者的實際使用體驗。因此，執行速度、精準度、回饋時間等涉及人工智慧接收使用者請求，並為使用者回傳處理結果的電腦系統完整處理連結的過程，都需要測試，以確保服務的效能是符合預期的。還應頻繁訪問系統的請求介面，看看頻繁請求是否會產生不符合預期的回傳結果。

本小節開頭提到，由於數據和訓練方式的問題，會導致人工智慧產生「幻覺」，尤其依託於當下熱門的、大量自然語言文字數據訓練的大語言模型，偶爾會產生「非預期」的輸出結果。

在大模型對話產品中，大模型在處理和記憶資訊上，經常會在多輪對話中「遺忘」之前聊天的內容，進而對事實性結果進行「胡亂編造」，甚至有時，人工智慧會輸出一些「不良內容」，這是因為「知識」整合到模型中受「上下文」提示內容長度的限制，同時也因為數據中存在「數據

偏差」。那麼，如何讓人工智慧變得更加「嚴謹」，如何解決出現「幻覺」這種問題呢？以下我從人工智慧工程實踐角度，給出一些建議。

首先，需要提升用於訓練人工智慧模型數據的品質。這是一個「老生常談」的方法，需要注意的是對蒐集到的原始數據進行淨化和預處理時，應當盡量將我們不希望出現的情況排除，比如對敏感話題的談論，或不符合社會價值觀的內容。

其次，在對模型的設計上，可以透過增加模型的參數，加深模型的深度，或者增加正規化、Dropout（暫時丟棄神經網路單元）等方法，來減少模型對數據的過度擬合現象，讓模型不要被數據「帶偏」。同時也可以在模型外部引入「知識」，如實體辨識、知識圖譜等技術，來幫助模型更容易理解數據，從而讓輸出結果更加準確。當然，為了確保提供的服務不會產生「不良內容」，也可以對輸出結果整體設定「資訊安全護欄」，當模型在討論敏感問題、胡亂編造的虛假內容時，可以即時制止模型向使用者輸出內容。

最後，在模型的訓練上，大語言模型是透過基於人類回饋的強化學習（Reinforcement Learning From Human Feedback，RLHF）來指導模型的行為，我們可以透過這種強化學習方法，設定新的獎勵機制，讓人工智慧輸出更符合人預期的答案。它是藉由人的參與，對人工智慧產生的行為、輸出的內容進行回饋，人工標注哪些是正確的、哪些是錯誤的，這些回饋被用作正面或負面激勵，進而在學習的過程中，不斷互動和回饋，讓模型逐步改進自己的行為策略，逐漸改善其輸出結果，減少「幻覺」的發生。這種方法本質上是一種對學習過程的監督，是將人類納入學習訓練的過程，鼓勵模型更遵循人類的思維方式來輸出結果，讓人工智慧學習人類的喜好、價值觀等暫時無法由規則來衡量的標準。

第 3 章　人工智慧如何應用

# 3.3　To B：AI 如何賦能企業

　　To B（To Business）即 B 端產品，是指直接面向商家、企業提供的服務或產品。人工智慧行業目前是演算法和技術應用的紅利期，把人工智慧跟某個產業、行業相結合，產生聯動效應，能夠提高效率和生產力。幾乎所有的技術革新都是從企業端開始的，因為企業追求降低成本、提高效能，提高員工工作效率、企業生產效率的訴求很強，且企業端的場景需求相對單一、明確，如工業自動化生產線、客服機器人等。企業端累積了大量行業數據和使用者數據，也為人工智慧應用打下了基礎。

## 3.3.1　B 端人工智慧產品的形式

　　從企業的安全防護到許可權驗證，從提高企業生產效率到服務企業產品的使用者、客戶，我們在日常的工作中，能夠看到人工智慧應用的各種形式。比如具備人臉辨識功能的門禁攝影機，讓員工不必擔心沒帶或遺失門禁卡；再比如企業的客服機器人，緩解客服人員的壓力，處理使用者的常見諮詢……在各式各樣的應用場景中，我們可以發現，人工智慧在企業端應用的場景，主要分為以下三種。

**1. 非創造性質的工作場景**

　　創造性工作往往隨人的主觀想法而產生不同的理解，並根據設計者的經驗和理解程度，輸出不同的內容，如產品外觀設計、系統架構設計

等；非創造性工作是指按照指定的邏輯、標準、規則執行，而不隨工作者的經驗和理解而變化的工作場景。在非創造性質的工作場景中，可以透過應用人工智慧來提升人的效率，或執行標準化的任務。比如工作中常見的會議紀錄，透過人來記錄會議內容，可能會由於人的注意力難以長時間集中而出現遺漏，且會議紀錄人身為一個紀錄者，也沒辦法充分參與會議討論，尤其因異地遠端辦公的影響，線上會議已經很普遍。透過人工智慧翻譯技術，不僅可以將不同人的說話內容翻譯成文字，還能夠辨識並區分不同的說話者，完整記錄每個人的說話內容，方便未與會者檢視和進行會後的總結工作。

人的創造性工作也包含部分非創造性質的工作內容，這部分工作內容也可以透過人工智慧來輔助，在這種場景下，「人機合作」，人工智慧應用的形式類似一個工作助手。比如在寫作過程中，根據寫作內容推薦素材，或提供錯別字修改等功能，經由創作者二次確認，即可完成輸入，代替原先人為蒐集素材和內容校正的環節。

**2. 存在重複性質的工作場景**

存在重複性質的工作場景，往往也是非創造性質的，但非創造性質不一定存在重複性質的工作。重複性質的工作往往依託於某種判斷規則，把不同環節串聯起來，幫助工作任務完整、高效率地執行，非創造性質的工作場景，往往是提供創造性質工作的輔助環節，前者側重於「串聯」，後者更側重於「輔助」。機器可以將重複工作中人的工作過程還原成數據和物理執行單位，再透過機器學習，掌握其中的執行規則，進而將人從重複性質的工作中解放出來，以便專注於創造性質的工作。

比如利用人工智慧對圖像、語音的處理功能，從攝影機、麥克風、

### 第 3 章　人工智慧如何應用

機械手臂等設備輸入中，提取所需要的資訊，並利用這些資訊自動化處理業務；再比如，在工廠生產線上利用攝影機對產品品質進行檢測，並將瑕疵品透過外接的機械裝置，從生產線上剔除。人工智慧用圖像辨識技術代替人眼的辨識過程，這需要企業多年累積的圖像數據及其標注數據，對人工智慧模型進行訓練，需要將每一個用於訓練的圖像標注為良品或次品，之後透過卷積神經網路等用於圖像辨識的模型訓練。在其他類似的場景（如手工資訊輸入、自動化身分認證、生產環境監控預警等）中，透過人工智慧對企業內部的生產工具進行升級，替代有重複性質的、非創造性質的工作。

### 3. 依賴專家經驗的分析場景

人工智慧擅長從數據中發現規律，挖掘得到有價值的內容。企業多年的經營，累積了很多經營相關數據，尤其是在網路公司。如果要人為從數據中發現規律，以提升企業經營狀況，這是困難的，且依賴數據分析師多年的工作經驗，門檻高，當數據量達到一定程度時，人為分析也行不通。機器擅長處理大量的結構性數據，輔助工作人員進行決策判斷。比如幫助商務人員從企業累積的客戶留言中發現銷售線索，或從企業銷售數據中發現產品之間相互關聯銷售的規律，來為使用者進行相關產品推薦。

網路技術改變了企業資訊的流轉方式，線上化、數據化、資訊化是主要的趨勢，人工智慧則會加速資訊的處理效率和流轉速度，輔助或替代企業的部分勞動力。面對企業的需求，人工智慧賦能企業的主要產品形式有以下三種：

**1)各場景下的流程自動化解決方案**。替代人力工作,透過人工智慧技術,將多個環節串聯,提高工作的自動化程度和效率。這類產品或解決方案需要和企業現有系統整合,其中人工智慧系統透過理解圖片、文字、語音等數據,來連接不同的工作流程,達到流程自動化。如發票報帳系統、保險核保理賠等,就是這類產品的典型場景,在提升使用者體驗的同時,提高企業的營運效率。

**2)輔助數據分析,為決策者提供參考**。整理、分析、挖掘數據,提煉數據中隱藏的資訊,並視覺化呈現出來,為企業決策提供支援。對於數據的分析應用,需要滿足如下幾個基本功能:

一是對比。既包括宏觀上的數據整體對比,又包括具體數據細項的細粒度對比,以發現變數之間的相關關係及其中存在的變化。

二是洞察趨勢。比如對電商、新聞 APP 中的使用者畫像,分析使用者潛在需求,在數據中發現趨勢;也可對數據中的異常點進行分析和預測。

三是觀測數據分布。對目標數據的整體分布進行分析,如發散或集中度,中間值或某個比例的數據集中度等,觀測分布能夠了解數據的穩定性和集中度,常用於輿情監控、客群需求洞察等數據分析場景。

**3)企業的使用者端產品解決方案**。用於給 To C(To Customer,面向消費者)企業提供人工智慧解決方案,最終服務於使用產品的使用者,透過 API、SDK 等方式對接企業的客戶。比如對美顏類型的 APP 來說,透過高精準度的人臉關鍵點辨識,精確捕捉每一個臉部器官,透過滑動控制條,就可以達到對眼睛、鼻子、嘴脣、下顎的全方位精確「調整」,這類 APP 產品往往會採用人工智慧公司提供的一整套「臉部關鍵點辨識」解決方案,將其嵌入自己的產品,達到美顏功能。

第 3 章　人工智慧如何應用

## 3.3.2　企業應用人工智慧的前提條件

3.2 節介紹的應用「五步」，是指在具體的場景中應用人工智慧，在第一步「定點」前，還有一些前期工作需要完成，這些工作幫助我們建構在場景中應用人工智慧的三個初始外部條件，如圖 3-17 所示。

**數據規範化**
數據統一、
規範標準化

**行業知識**
輔助數據標注
模型效果評估
系統保證方案

**硬體準備**
計算的基礎設施

圖 3-17 企業應用人工智慧的前提條件

**第一，數據規範化**

企業在建設資訊系統時，目標並不是在某些具體場景應用人工智慧，大部分是為了統計和記錄，讓數據可查、可追溯。所以數據不統一、數據混亂或不標準化的情況很普遍，面對某個人工智慧具體應用的任務，需要將涉及的數據進行整合，基於監督式學習的人工智慧場景，還需要對數據進行人工標注（除非存在類似 AlphaGo 的下圍棋場景，有既定的規則可以告訴機器明確的最佳化方向，這樣可以透過「強化學習」，來對人工智慧進行最佳化）。

**第二，行業知識**

在具體場景中應用人工智慧，「行業知識」是非常重要的，這些知識依賴從業人員多年累積的從業經驗，雖然這種總結規律的工作是煩瑣

## 3.3 To B：AI 如何賦能企業

的，但的確必不可少。行業知識可以加速人工智慧的應用，並幫助解決很多問題。

首先，「行業知識」可以輔助行業數據進行分類，貼標籤，「有多少數據，就有多少智慧」，人工智慧在具體場景中，是從訓練數據中學習從業人員的行業知識，從數據中學習規律；其次，透過「行業知識」形成的規則系統，可以對訓練好的模型效果進行評估，看看訓練出來的模型是否「能用」；最後「行業知識」還可以作為系統的保證方案，當人工智慧系統出現異常時，使用「行業知識」製作的規則系統，可以確保場景任務的執行和驗證不至於完全被擱置，減少企業的損失。

**第三，硬體準備**

這裡主要是指人工智慧計算需要的計算資源，很多人工智慧模型計算需要依託高效能、高並行的計算資源（如 GPU），大部分現有的伺服器並沒有專門用於計算加速的晶片，這樣會使人工智慧計算的速度太慢，無法達到使用要求，尤其是對依靠「深度學習」相關演算法應用的應用場景（如人臉辨識）。儘管通用型 CPU 也可以被用於處理機器學習演算法，但卻無法提供必需的大規模計算效能，再加上隨著矽晶片工藝幾何尺寸的演進，導致單位電晶體的成本也在上漲，從而使 GPU 等專為機器學習計算最佳化的輔助處理器成為必需品。

人工智慧系統透過以下兩種方式融合到現有的計算資源中：

一種是在企業現有的計算基礎設施上，引入並執行人工智慧模型，這對電腦 GPU、CPU、記憶體和硬碟配置都有很高的要求；另一種是單獨提供人工智慧執行的服務環境，並透過與現有的計算資源通訊來提供服務。人工智慧系統和企業現有系統分開部署，人工智慧作為類似外接

第 3 章 人工智慧如何應用

的服務裝置，減少了相容性等相關問題對企業內部服務執行的影響。

特定的解決方案還需要配置其他的硬體資源，比如對於工業機械手臂定位的視覺方案，還需要攝影機作為主要的圖像輸入採集設備。在這三個前提條件具備後，按照 3.2 節介紹的應用步驟，把演算法模型包裝成你需要的解決方案。

### 3.3.3 人工智慧賦能企業的關鍵點

做企業演算法服務的人工智慧公司，成功的關鍵在於「能否幫助企業在業務中深入解決企業存在的問題」，且需要人工智慧服務是可解釋、可監控的。在應用的過程中，有以下幾個關鍵點：

**1.「診斷」企業中的真正問題**

人工智慧賦能企業時，需要對當前工作或業務場景進行精細拆解，找到能夠顯著提升效率的關鍵節點，用人工智慧提高操作的效率，替代人力複雜的步驟。而在企業中，有些環節雖然可以透過人工智慧來自動化完成工作流轉，但由於環節的特殊性，需要人來進行操作，以確保資訊同步和可審查。比如企業中的報帳環節，有很多相關人員的審批流程，但這些流程的意義，在於讓各層級相關人員確定報銷的合理性和報帳歸屬，因此這些流程是不能被省略的。而在該場景下，手動填寫報帳項目和金額，就是明顯的低效能環節，因此，就如 3.2 節所述，在這個環節中，用人工智慧來進行項目和金額的辨識和填寫。

## 3.3 To B：AI 如何賦能企業

### 2. 評估和治理數據

有沒有和待應用場景相關的業務數據？如果有數據，這些數據的品質怎麼樣？哪些數據是跟場景相關的？是否缺數據？如果缺數據，這部分數據可不可以透過外部採集，或跟其他的應用、產品進行連結後獲得？

這些都是在數據評估階段要考量的問題，在 3.6 節中，我將展開講解數據評估的方法。

### 3. 演算法需要具備可解釋性

不同的場景對人工智慧可解釋性的要求是不同的，尤其是在企業之中，做事情需要有所依據。一是對容錯率的考量，有的企業場景中，容錯率很低，比如涉及人身安全，0.001% 的意外都是無法接受的；二是可解釋性，讓人工智慧系統執行出現問題時，能夠被及時發現，這樣就算有意外情況發生，也能夠及時止損、修正、復盤。

### 4. 需要相容「古老」系統

當設計好應用方案後，如果在準確率、執行速度等方面滿足了場景需求，這時就需要思索如何跟現有的系統進行整合，原先的系統是透過 API 呼叫的方式，或者 SDK 嵌入的方式使用嗎？部署時需要的環境是什麼？和系統的其他部分是否存在相容問題？這些問題是人工智慧應用部署時需要回答的。

### 5. 圍繞評估指標不斷最佳化

很多人會有誤解，認為人工智慧系統部署好之後，就可以帶來預想的效果，並幫助企業完成智慧化升級。但人工智慧產品需要一定的數據

## 第 3 章　人工智慧如何應用

量和時間進行不斷最佳化，不能過度期望系統從第一天開始就為你提供合理的建議和幫助，除非是引入外部成熟的解決方案。因此需要建立後續的數據累積和效果回饋流程，讓系統能夠從實際應用的場景中進行最佳化。具體最佳化參考的評估指標，將在 3.5 節展開說明。

### 6. 實施、接入門檻低

很多人工智慧公司在為企業客戶應用人工智慧時，經常由於實施部署的週期過長，而令客戶失去耐心，這往往是因為對企業的數據、伺服器版本和執行環境不夠了解，以及客戶對應用效果預期沒有維護好等問題導致。如何降低實施、接入的門檻，在企業客戶興趣強烈時，盡快進入體驗、試執行的階段，是非常重要的。從具體操作層面來看，可以注意以下幾點：

**1) 減少客戶接入的操作成本**。這裡主要是指需要客戶以開發者角色接入的部分，比如有的公司提供 SaaS（Software as a Service，軟體即服務）化的產品來讓客戶自己接入系統，具體的操作，如果能透過複製加貼上程式碼進行接入，就不要讓客戶以開發者編碼開發來接入，且需要提供明確的指引步驟，以防止接入過程中出現狀態不明、延遲而導致客戶流失。

**2) 減少客戶的等待時間**。數據處理和模型訓練階段，涉及大量等待時間，這兩個階段最好不要和部署同步進行，而是在部署前透過專人處理等形式完成，不妨礙企業客戶正常工作的進行。

**3) 減少低級錯誤**。比如有的客戶是在內網部署系統，需要提前準備部署環境的安裝資料，並在和客戶環境盡可能一致的場景下，測試運行整體流程，以防止當問題出現時需要不斷偵錯和檢查。

## 3.4　To C：打造消費者喜愛的 AI 產品

　　To C 即 C 端產品，是指直接向個人使用者提供服務的產品，對 C 端產品來說，人工智慧應用有著各式各樣的問題。如主打家庭服務相關的聊天機器人，大部分只是一個說故事的機器，應用場景沒有硬性需求，內容單一，功能雷同；好玩的圖像類應用，如換臉 APP，讓你經由上傳臉的照片，來製作有趣的短片，但存在洩漏隱私的風險；相比之下，還有語音相關的產品，如語音助手，實際上，演算法可以用你的幾句語音輸入，來製作一個和你的語氣、語音、語調一致的機器人，這不免讓人產生信任危機。

### 3.4.1　C 端產品中人工智慧應用的三種形式

　　C 端產品目前還處在摸索使用者需求和教育市場的階段，拋開使用者對產品理解的偏差，人工智慧在 C 端產品中主要有以下三種形式的應用：

**1. 挖掘使用者個性化需求**

　　人工智慧從產品／服務到使用者之間，搭建了一條「快車道」，如使用者畫像、推薦引擎。

　　C 端產品往往滿足使用者某種特定的需求，如點外送、看新聞。隨著網路行業的發展，商品、服務、資訊爆炸式成長，嚴重超載，人工智

第 3 章　人工智慧如何應用

慧可以根據使用者的瀏覽行為、依託使用者的行為數據，進行使用者畫像和喜好分析，來挖掘和篩選使用者感興趣的內容。比如紛絲專頁上，有越來越多的未讀資訊，導致使用者獲取有價值資訊的成本增加，對獲取資訊的有效性、針對性的需求也就出現了，因此推薦系統等應用場景應運而生，透過需求的預測和匹配，來提高使用者找到所需商品、服務、資訊的效率。比如有公司透過使用者的喜好和行為數據，讓使用者找到住宿、交通和餐飲方面的資訊，為客戶推薦餐廳，提供預訂機票、酒店、租車的服務。這種場景下，使用者喜好的描述，很難透過文字來表達，透過圖像或根據使用者的歷史行為進行推薦，能夠讓使用者更簡單地表達需求。

## 2. 降低創作類內容的製作門檻

對於電影後期製作、電影修復、藝術圖片生成等創作類內容的製作場景，人工智慧能夠輔助創作者減少內容製作的時間，自動完成其中的部分工作。人工智慧也能讓使用者創作藝術作品，比如簡單幾筆繪畫，透過數以百萬計藝術圖片訓練得到的模型，可幫助你完成自動塗鴉；再比如，人工智慧可以讓使用者透過描述心情及音樂時長，來自動生成音樂。人工智慧可以輔助降低藝術創作的門檻，那些心懷藝術夢想的普通使用者，也可以藉助人工智慧進行嘗試。目前，人工智慧無法創造出全新的作品，其創作受限於訓練數據，是基於千百年來累積的藝術作品，來做藝術的混合創作，無法突破人類藝術所達到的水準和高度。

## 3. 提供新的互動方式或玩法

人工智慧在語音和圖像上的突破，可以為產品增加新的互動角度，達到原先無法被滿足的場景需求，比如在駕駛車輛的過程中，辨識語音

指令可以幫助司機解放雙手，全語音操控可做到接打電話、收發訊息、切換導航等功能；而在辦公場景下，人工智慧可完成對語音材料的轉換文字、提取文字摘要、關鍵字搜尋等功能。語音和攝影機作為資訊、指令的輸入方式，更加安全且貼近人與人之間的自然互動方式，為使用者帶來便利的使用體驗。比如「以圖搜圖」系統，讓使用者透過拍照或上傳照片，找到照片裡的產品或相似產品，這種輸入方式，比手動輸入文字更加方便、快速，所視即所得。

## 3.4.2　辨識 C 端人工智慧應用需求的真偽

由於人工智慧的熱門，很多公司都套上了人工智慧的外殼，各式各樣的「偽」人工智慧產品越來越多，在很多並不需要人工智慧的場景中，硬生生地套用了相關技術。C 端產品，只有深入具體場景，了解使用者、深挖場景中的需求，切實解決原本技術無法解決的問題或提供更加便捷的互動體驗，才能夠做到真正應用。我們希望「人工智慧」幫助我們滿足一個個真實存在的需求，而不是用「人工智障」為自己添麻煩。

比如曾經有個傳統的冷氣生產商，希望為它們生產的冷氣增加人臉辨識技術，透過辨識使用者的年齡，來調節溫度。當老人進來時，冷氣自動調節到 26°C；只有年輕人時，溫度調整到 20°C，自適應溫度動態調節。但這種場景其實是人工智慧應用的偽場景，透過一個遙控器就能解決問題，同時也沒有考量到場景中的其他因素，比如攝影機沒有辨識到人臉怎麼辦，是否打開空調？再比如若年輕人生了病，20°C 的室溫是否合適？

第 3 章　人工智慧如何應用

還有的場景看似適合人工智慧應用，但卻有更簡單、成本更低、更適宜的實踐方法，比如在飯店中，透過引入智慧引導機器人，幫助客人快速找到與他們住宿相關的資訊，減少飯店接待人員的工作量，這看似是一個非常有價值的場景，但其實 90% 以上客人的問題是以下三個：

「早餐是幾點到幾點？」

「房間的 Wi-Fi 密碼是多少？」

「退房時間是什麼時候？」

在這種情況下，只需要透過一個平板電腦或螢幕顯示器，就可以提供這三個問題的解答，解決 90% 以上客人的問題。剩餘 10% 的問題都是非常個性化的，比如「飯店是否提供接機服務」等。如果透過「人工智慧客服」，以對話的方式來滿足使用者需求，一來，用於訓練「人工智慧客服」的語料可能會嚴重不足，難以得到效果好的模型，也就無法透過這種方式來回答這些問題；二來，人工智慧需要花時間和精力逐步完善模型效果，需要數據的回饋和迭代，才能達到足夠應用的程度，有的可能需要幾個月、甚至更長的時間，這樣的話，短期內使用者的體驗可能會很不好。這些遺留的問題，不如交給工作人員解決，那將是更有效的做法。評估 C 端產品是否適合應用人工智慧，可以透過 1.2.3 小節介紹的內容來判斷。

除了辨別「偽場景」外，人工智慧可能出現各式各樣的「人工智障」。比如在十字路口透過攝影機辨識行人，有可能會將廣告招牌上的廣告人物當作辨識對象，對交通情況進行錯誤的判斷；再比如，當使用者對個人語音助手表達：「推薦一個有好吃的的地方」時，語音助手回答：「沒有找到一個叫『好吃的』的地方。」這些讓人啼笑皆非的「人工智障」

3.4 To C：打造消費者喜愛的 AI 產品

非常影響使用者體驗。如何避免產品中出現「人工智障」的情況呢？可以從以下三個角度考量：

**1. 記錄使用者規律性的操作**

每個使用者在日常生活、工作中，會呈現出一些規律的事項，這樣在為使用者推薦內容時，如果能夠按照使用者自己的規律進行推薦，就可以為使用者帶來便利。比如叫車軟體，使用者最常叫車的地點，就是從公司到家，以及從家到公司，可以結合時間、地理位置資訊，為使用者推薦；再比如，使用者每個月都會去某類型的餐廳吃一次飯，當發現使用者長時間沒有去時，就可以為使用者推薦相同類型的餐廳。

**2. 透過場景、環境資訊來輔助人工智慧理解使用者的需求**

比如地點、時間、工作安排等資訊，都可用來輔助判斷使用者的需求。當使用者想訂機票時，可以根據使用者的輸入及地理位置判斷意圖。當使用者表示想要訂機票，會有很多種不同的表達情況：

「訂一張下週去日本的機票。」

「下週要去日本出差，幫我查一下機票。」

「下週要去日本，看看班機資訊。」

……

自然語言表達同一個需求的組合方式有很多，都是在表達「下週」、「訂機票」、「去日本」的意圖，但對機器辨識來說，要理解這麼多種表達方式，的確是個挑戰，比如「幫我退訂去日本的機票」，這裡面也包含「訂機票」三個字，但意圖卻明顯不同。機器要聽懂人的意圖，首先就需要準確無誤地辨識使用者的指令，如果使用者的日程表中，原本安排

163

第 3 章　人工智慧如何應用

下週在日本的工作發生了變化，就可以知道使用者這時候需要「退訂機票」。當使用者輸入「叫車去機場」，如果可以辨識到使用者目前是在臺北，就知道使用者不是叫車去澎湖的機場。

### 3. 引入常識資訊

如果發現使用者的當前操作「違背常識」，比如當使用者叫車時的出發點與當前 GPS 定位的地點相差較遠時，或使用者預訂從 A 地點到 B 地點的火車票時，出發地點和使用者當前位置有偏差，都應當提醒使用者是不是弄錯了。透過引入規則庫或知識圖譜，手動新增這些常識規則，有時候可以大大提升使用者體驗，並且減少「人工智障」。有一個說法是「有多少人工，就有多少智慧」。比如輸入法有一個很好的功能，就是它有熱門詞庫，可以同步一些熱門人名、地名等，這些詞都是營運人員手動篩選或透過演算法挖掘得到，並新增到熱門詞庫裡面的。

## 3.4.3　C 端人工智慧產品的設計原則

除了需要避免引入「偽場景」和消除產品中的「人工智障」外，還應該關注哪些設計原則，才更能在場景中應用人工智慧呢？以下五個原則可以輔助你設計出更好用的 C 端人工智慧產品。

### 1. 用人工智慧為產品營造「新鮮感」

營造「新鮮感」主要是因為人工智慧執行結果具備一定的不確定性、隨機性。由於使用者輸入數據和環境因素不同，人工智慧能夠從兩個層面為產品增加「新鮮感」：

- 對展示內容引入一些隨機成分,讓使用者每次看到不同的內容,拓展使用者喜好的邊界;
- 可以利用不確定,設計一些讓使用者「玩」的內容製作場景,這種新鮮感,為使用者營造「探索」的體驗,增加使用者的黏性,並且也會為產品帶來附加的傳播價值。比如在創作類型的應用場景下,人工智慧能夠顯著降低使用者的創作門檻。創作類內容有四個大類別:文字、圖片、影片、音樂,人工智慧可以在很多場景中輔助使用者進行創作,比如透過藝術風格遷移來創作藝術照片,在你的照片中加入梵谷(Vincent van Gogh)式繪畫風格;再比如,透過簡單的操作創作音樂旋律等,讓不具備專業技能的使用者,能夠輕鬆製作出好玩的作品,這種藝術的生活化和娛樂化,將帶給使用者全新的體驗。

**2. 多模態互動**

「多模態」是指多種感官的融合,包括視覺(圖像)、聽覺(語音)、觸覺等讓使用者和人工智慧建立連結,讓機器能夠更加了解使用者的操作習慣,這也更符合人和人之間自然的互動方式。智慧家居、自動駕駛等場景,多元模式的互動,也更可以重構人和周邊環境之間的關係。比如對於手機上的 APP,人工智慧會讓原先「手動操作」的模式發展成「主動提供服務」模式,這時,只需說一句:「我餓了!」,APP 馬上就會根據口味和身體狀況,提供餐廳和菜餚選擇;再比如,對於家庭用管家機器人,僅僅具備點播歌曲、天氣預報、輔助訂票等功能是不夠的。我們需要有人工智慧加持的機器人,具備主動提供服務的能力,當看到有人即將走進廚房時,能夠自動打開廚房燈;當看到主人休息時,能夠適當調節室溫,並根據使用者的生活習慣,進行適應和學習。

第 3 章　人工智慧如何應用

**3. 提供即時回饋入口和解釋原因**

　　在使用者使用人工智慧產品時，我們需要不斷蒐集使用者的回饋，來對人工智慧執行效果進行最佳化，蒐集使用者回饋的最佳時機，就是在人工智慧根據使用者輸入給出執行結果時，這時候，使用者是最確定本身輸入的意圖並期望人工智慧能夠根據輸入給出執行的動作。比如我們常見的推薦系統，當使用者輸入了一個想要購買的商品類別，使用者期望能夠根據個人喜好給出精準的推薦結果。如果推薦的內容使用者喜歡，則會進一步點選檢視或新增購物車；當使用者對推薦結果不滿意時，如果有「喜歡」、「不喜歡」的按鈕來蒐集使用者明確的回饋，則會非常有利於演算法進行最佳化，讓使用者主動參與人工智慧回饋學習的過程中；如果回饋不夠即時，比如在這種推薦場景下，蒐集使用者回饋是透過時間相對滯後的問卷調查，那麼會失去最佳的回饋時機。隨著時間的推移，使用者難免會遺忘看到推薦結果後的第一反應，並無法對每一次不夠好的推薦結果進行逐一回饋。

**4. 增加「開始按鈕」**

　　現階段的人工智慧產品，有時候可能隱藏得太「深」了，讓使用者感受不到如何正確使用，因此需要增加「開始按鈕」／「停止按鈕」來讓使用者直觀感受，並能控制人工智慧的「開始」／「結束」。如今在算力滿足的情況下，人工智慧系統處理任務在不知不覺間即可完成，這樣很容易讓使用者感覺不到人工智慧存在帶來的改變，甚至覺得場景下有無它沒什麼差別。就像在剛才描述的推薦場景中，使用者無法判斷給出的推薦結果是基於簡單的規則，還是透過人工智慧進行推薦的。在這種場景下，「開始按鈕」不是我們在使用硬體產品時的明確觸發按鈕，而是透過

為推薦產品附加對應的推薦原因來讓使用者感知的，並能夠更容易獲得使用者的信任。「開始按鈕」的存在，也可以帶來引導使用者正確使用、培養使用者使用習慣的好處。

「開始按鈕」的形式可以是明確的功能啟動按鈕，或者人工智慧執行結果的解釋，這二者都能夠對使用者提示「目前系統在執行人工智慧演算法為你提供服務」；「開始按鈕」也可以是更加擬人化的互動方式，比如最常見的語音互動。在使用者詢問語音助手某個問題時，如果語音助手無法確定使用者的需求，「我不知道這個詞的意思，可以教我嗎？」就比「我沒有聽懂！」更加擬人化，更能產生好的使用體驗。

## 5. 聚焦使用場景

人工智慧本身是電腦指令的執行，需要準確描述輸入、輸出和使用流程，因此場景越大、越不聚焦，在設計人工智慧時沒考量到的特殊情況就越多。人工智慧服務的精確度，比它覆蓋場景的廣度更為重要。產品訓練過程中，最好針對特定的場景採集數據進行訓練，得到的模型也只應用於特定的領域。如果一個人工智慧產品服務100%的使用者使用場景，但帶給使用者的是50%的準確體驗，遠不如只提供50%服務場景，但帶給使用者100%的體驗，更加讓使用者滿意。比如家中的智慧管家，當你問它20個問題，它只答對10個，在體驗上，你一定會覺得它不夠「智慧」，但如果20個回答都正確，就算它只能幫助你完成資料查詢、歌曲點播這些特定的功能，帶給你的信任感也會大大提升。

第 3 章　人工智慧如何應用

## 3.5　如何評估 AI 應用的價值

　　並非每個使用人工智慧的人都是演算法工程師，大部分人看不懂模型訓練過程中的很多數據指標、最佳化「曲線」，而恰恰是這些「看不懂」的大多數人，才是人工智慧應用的實際使用者，「不清楚如何評估人工智慧」、「不知道如何衡量人工智慧應用的價值」，也是阻礙人工智慧應用的原因之一。

　　了解如何場景化評估人工智慧應用的另一個好處，是能夠從實際場景、多元挖掘其價值。「準確率」、「召回率」等指標，是電腦學科對演算法的評價指標，用於評估模型和演算法對數據的訓練及擬合程度。除了這些指標外，引入和應用場景相關的評估方法，可以幫助決策者判斷人工智慧應用的價值。在企業中，很多做決策的管理人員無法從技術指標上理解人工智慧在場景中產生的作用，他們大多數懂業務，但不懂人工智慧，因此需要透過結合場景的評價方法，讓他們能夠理解人工智慧在業務中產生的作用，可以看到在業務中應用帶來的好處及生產力的提升，更直觀地為決策者提供判斷人工智慧價值的依據。

　　可以從能力指標、場景覆蓋度、使用效能、系統效能、經濟性這五個角度評價人工智慧技術的應用。

## 3.5　如何評估 AI 應用的價值

### 3.5.1　能力指標

　　能力指標主要是透過測試數據，直觀衡量人工智慧演算法模型的能力。對不同演算法，具體的能力指標會有差異，下面介紹一些在大多數的場景和任務中常見的能力指標，如圖 3-18 所示。

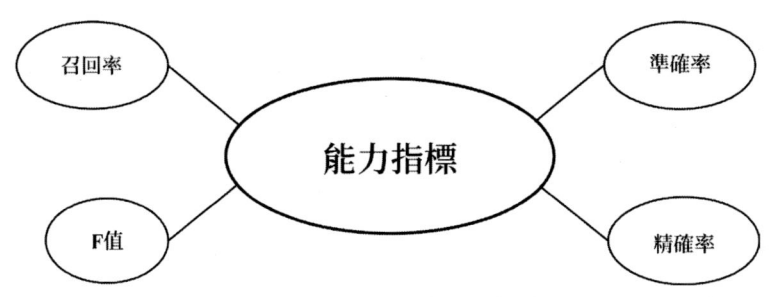

圖 3-18 評估人工智慧能力的指標

**1. 準確率**

　　這是用來衡量測試數據中人工智慧辨識正確的比例。比如在「工業品質檢測」場景中，需要將 100 個零件分為「合格」和「不合格」兩個類別，其中 80 個零件和人工稽核結果一致，分類正確，那麼準確率就是80%。通常來說，準確率越高，分類、預測等場景下，人工智慧辨識的效能越好。

**2. 精確率**

　　「精確率」和「準確率」的差別在於精確率關注具體類別中判斷正確的情況，而準確率是看整體，即所有人工智慧預測對的情況占整體的比重。比如當人工智慧辨識為「合格」的零件一共有 50 個，其中 30 個是

「合格」的零件,而另外 20 個是「不合格」,由於辨識錯了而被放在「合格」裡面,在這種情況下,精確率就是「30 除以 50」,為 60%。

## 3. 召回率

召回率在有的場景中又被稱為「查全率」,是指屬於目標類別而被成功辨識出來的比例,主要用於分類、檢索等場景。在剛才的例子中,這 100 個待檢測的零件中有 60 個是「合格」的,有 40 個是「不合格」的,其中召回率只針對這 60 個打了「合格」標籤的零件,它們之中,被人工智慧辨識為「合格」的有 48 個,那麼召回率的計算就是「48 除以 60」,為 80%。召回率衡量系統辨識的覆蓋度,召回率越高,越不容易產生遺漏。上面兩個指標經常被用在一起,如圖 3-19 所示。

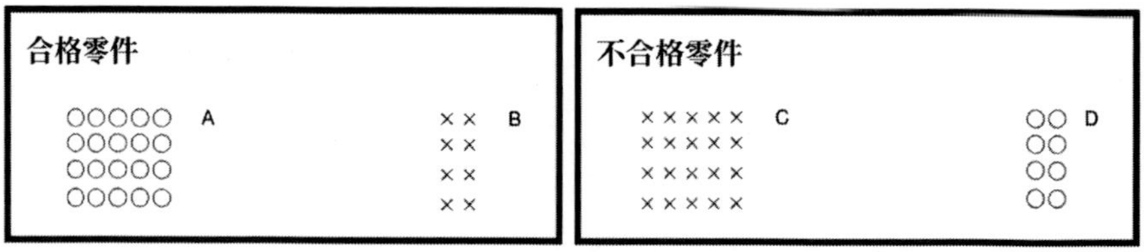

```
合格零件                          不合格零件
○○○○○  A        ××  B         ×××××  C        ○○  D
○○○○○           ××             ×××××           ○○
○○○○○           ××             ×××××           ○○
○○○○○           ××             ×××××           ○○
```

圖 3-19 範例 —— 零件良品辨識

圖 3-19 中,「圓圈」代表「合格零件」,「叉」代表「不合格零件」,零件堆旁邊的「ABCD」代表每一部分零件的數量,比如「A」代表合格零件被正確辨識出來,放到「合格零件」盒子裡面。從圖中我們可以看到,有的零件被分到錯誤的類別中,在這裡我們可以計算一下準確率和召回率指標,如表 3-2 所示。

表 3-2 零件良品辨識指標和計算方法

| 指標 | 計算方法 |
| --- | --- |
| 準確率 | (A+C) / (A+B+C+D) |

## 3.5 如何評估 AI 應用的價值

| 指標 | 計算方法 |
| --- | --- |
| 合格零件的精確率 | A/（A+B） |
| 合格零件的召回率 | A/（A+D） |
| 不合格零件的精確率 | C/（C+D） |
| 不合格零件的召回率 | C/（B+C） |

有時候，精確率和召回率是相互矛盾的，比如我們看一個極端的情況：在使用者搜尋場景中，我們只回傳一個推薦結果，如果這個結果恰巧是使用者需要的，那麼精確率就是 100%，但是在龐大的內容庫裡，還有很多使用者想要的內容沒有被召回，因為搜尋結果只有一個，因此召回率就很低。這個時候，就需要一個綜合指標：F 值。

### 4.F 值

如果精確率用 P 表示，召回率用 R 表示，那麼當二者所占比重一致時，

F=2P×R/（P+R）

這是一個關於精確率和召回率的綜合指標，在工程實踐中，經常被用於評價搜尋、推薦等場景中演算法的表現。精確率和召回率是互相影響的，在理想情況下，肯定是兩者都高，但一般情況下，精確率高、召回率低，精確率低、召回率高，如果兩者都很低，那就是演算法或計算方式出了問題。

單一指標較高只能從一個方面說明演算法的有效性，實際評估還要結合場景需求，否則無法準確衡量人工智慧應用效果，比如我們可以透過以下這個醫療的例子來看看。

因為這個例子需要，我再補充三個概念：

1) **陰性、陽性**。陽性一般代表所檢測的病毒是存在的,陰性則代表正常,對檢測劑無反應,可以分別理解為數據樣本中的「正例」和「負例」。

2) **敏感度**。系統診斷陽性的能力,敏感度越高,越不容易誤診(有病患但未辨識)。

3) **特異度**。系統判斷陰性的能力,特異度越高,越不容易誤診(無病患但被錯誤診斷為有病患)。

我們總是希望誤診越小越好,但在任何系統中,都需要找到一個平衡點,因為對系統診斷要求越高,越要犧牲整體診斷判別的效率。犧牲敏感度會導致系統出現漏診斷現象,使檢查達不到目的;追求高敏感度,則會因為治療沒生病的病人而浪費醫療資源。如果使用一般工程中常見的指標,比如「準確率」、「精確率」、「召回率」,我們可以發現,「準確率」和「精確率」這兩個在工程中常用的指標,會嚴重依賴數據樣本,和樣本中「陰性」、「陽性」的比例相關。

比如測試樣本中有 99 個「陽性」,1 個「陰性」,這個時候,如果設計的系統對所有的輸入判斷結果都是「陽性」的話,此時用「準確率」和「精確率」計算出來的結果都會是「99%」,但是在醫療指標上能看出系統是多麼不可靠,系統的「敏感度」為「99%」,但是「特異度」為「0%」。也就是說,我們做出一個「敏感度高、特異度低」,或者是「敏感度低、特異度高」的系統是非常容易的,僅僅依靠工程上的指標而不結合場景來評估人工智慧,是沒有意義的。在很多人工智慧公司公關業配文中提到,「準確率超過 99%」、「精確率超過 98%」,這樣的數字可以透過調整數據中「正例、負例」的比例、很輕易地做到,不用為此感到神奇。

不和場景實際相結合的人工智慧，數據再好看也不好「用」。就好比「立體幾何」學得再好，如果考試考的是「微積分」，同樣可能考不及格。這樣的例子在其他行業中也是存在的，不僅僅存在於醫療領域。

不同場景下對統計指標的優先等級是不一樣的。如果是在搜尋或推薦的場景中，就需要優先保證召回率，在召回率滿足使用體驗的情況下，逐步提高精確率；如果是在病毒檢測、垃圾檢測等辨識目標要盡量減少辨識錯誤的情況下，應該優先確保精確率，之後再逐步提高召回率。

### 3.5.2 場景覆蓋度

在人工智慧應用的場景中，很多情況下，人工智慧演算法是用來最佳化場景中某一個具體環節的效率和能力。場景覆蓋度越高，人工智慧對該場景的作用越大，整體系統的自動化程度就越高。我們可以用場景覆蓋度橫向對比不同人工智慧方案對場景的作用。

「場景覆蓋度」用來衡量應用環節在場景中所產生的作用大小，可以從「環節覆蓋度」、「功能覆蓋度」、「使用者覆蓋度」三個方面衡量。

**1. 環節覆蓋度**

這是指在場景中，人工智慧能夠完成的環節，在整個場景下所涵蓋環節的比例，「環節覆蓋度」越高，整個場景下機器自動化的比例就越高，需要人參與的環節就越少，整體場景的執行效率也隨「環節覆蓋度」的成長而提高。除了使用者需要輸入和輸出環節外，成熟的人工智慧解

### 第 3 章　人工智慧如何應用

決方案會將場景下其他環節透過機器和人工智慧串聯，自動完成所有的操作步驟。

比如在生產線幫設備鎖螺絲這個場景，可以分為選擇螺絲（合格零件辨識）、位置定位、鎖螺絲、檢查安裝情況四個環節。在上面的例子中，人工智慧用來對合格零件進行辨別，那麼這個視覺辨識的解決方案，在場景中的「場景覆蓋度」就是25%；如果視覺攝影機安裝在機械手臂上，除了辨識合格零件外，還可以對機械手臂的位置進行定位，那麼「場景覆蓋度」就提升至50%。

### 2. 功能覆蓋度

從演算法的角度來看，單獨的演算法一般只能處理一種數據類型作為輸入源，來解決一個具體的問題，比如圖片分類。但場景中封裝的人工智慧解決方案，一般都會包含多種演算法，解決場景中的多種問題，比如智慧機器人既需要擁有視覺辨識功能，又需要對聲音指令進行辨識。在同一個完整場景中，通常也包含多個功能點的需求，因此人工智慧覆蓋的功能越多，對場景也越有價值，也越容易被使用者選擇。

當一個公司要引入人工智慧解決方案時，能夠解決的問題越多越好，這樣就不需要為場景中的其他任務獨立選擇解決方案，同時也省去了不同方案之間相容的問題。比如某公司的安全監控，功能性需求包含員工異常行為監測、違規物品辨別、物品是否放置在有安全隱憂的區域、人臉辨識，這些功能都是在攝影機視覺檢測這個場景中，當你的解決方案只能辨識違規物品時，功能覆蓋度就較低。

### 3. 使用者覆蓋度

使用者覆蓋度是指人工智慧應用的領域中有多少潛在的使用者，比如對公司而言，則是對應多少個職位、多少名員工，人工智慧往往解決的是針對某一種特定類型使用者在特定場景下的問題。人工智慧解決方案能夠覆蓋的使用者越多，產生的潛在價值就越高，當解決方案只能覆蓋目標使用者中很小的範圍時，使用者基數的缺失，很難引導決策者購買和使用人工智慧產品。

比如我曾針對企業的開發者提供人工智慧輔助程式設計產品，來幫助開發者檢測編寫程式碼中潛在的 bug 和相容性風險。對軟體開發來說，不同的程式語言天然地對「寫程式碼」場景進行區分，比如「Java 語言」、「Go 語言」、「Python 語言」，人工智慧輔助程式設計能夠覆蓋的程式語言越多，那企業中能夠實際使用它的開發者就越多，使用者覆蓋度也會隨之增加。

## 3.5.3　使用效能

「使用效能」用來對人工智慧應用後帶來的價值收益進行評估，可以從時間、工作量、核心場景指標三個方面來衡量。

### 1. 時間

人工智慧助力增速多少？提高了多少效率？

例如，人工風控需要 10 分鐘才能完成對一位貸款使用者的審核，這無疑會直接影響企業每天能夠處理的業務量，有多少風控人員就能做多

## 第 3 章　人工智慧如何應用

少業務。透過應用智慧風控，如果算入稽核環節，大概 2 分鐘就可以完成審核，這樣從時間角度，等於提升了 400%的效率；除了提高效率外，還可以用節省的時間占原先時間的比例來描述。人工智慧應用後，計算節省了多少百分比的時間，將節省下來的時間，用於品質保障環節等其他環節，以提高產品品質。

### 2. 工作量

工作量用於衡量人工智慧提升多少生產力。和時間相比，工作量會更加直接，和產量等數據直接掛鉤。企業也容易透過生產力的提升，來評估人工智慧應用的效果，這些數據往往會影響企業的營收、利潤等核心經營數據。

比如工業領域中的零件安裝，原先安裝零件採用人工或半自動化的方式，每天可以生產 1,000 個，引入人工智慧後，一天可以生產 5,000 個，那麼，從工作量的角度來看，就提高了 400%的生產力。

### 3. 核心場景指標

沿用原有場景下的評估指標，來衡量人工智慧應用前後帶來的改變。人工智慧往往是應用在一個系統中的某個具體環節，透過在該環節的應用，來提高整個系統的效率，因此可用為場景帶來的「改變」，來衡量人工智慧應用的價值。

如監控報警，核心指標往往是誤報率、漏報率、故障發現時長、恢復時長，更快地發現故障並報警、少漏報、少誤報並不斷降低故障發現時長和恢復時長，就是該場景評估人工智慧應用的指標。

## 3.5.4 系統效能

「系統效能」用來評估人工智慧系統的「成熟度」，人工智慧演算法能力再強，如果系統效能出現問題，也會嚴重影響人工智慧應用的效果。如果系統不夠穩定，人工智慧演算法的能力就無法得到有效輸出。具體評估時，從穩定性、穩健性兩個角度進行評估。

**1) 穩定性：** 隨著人工智慧的部署使用，系統服務的指標，比如 QPS（Queries per second，每秒查詢率）、服務介面執行狀態、CPU 使用情況、記憶體使用情況等指標，是否會隨著使用時長的增加，發生較大的變化，以及在系統訪問高峰，是否還能夠穩定地回應使用者的請求。

比如對推薦系統來說，穩定性就非常影響體驗。數據請求是否延遲，回應是否即時，這些都決定了使用者在瀏覽新聞或內容時，能否及時看到推薦結果。穩定性好的系統，為使用者創造了一個流暢的體驗環境，服務不穩定會導致不回傳結果，使用者看不到預期的推薦內容。

**2) 穩健性：** 系統抵抗環境雜訊的能力，不同場景下的產品，在使用時都會受到環境的干擾，相同的產品也會因為所處環境的差異而有不同的雜訊。

拿「智慧音響」在家庭中的使用舉例，電視、電腦、家務工作，甚至家中寵物的聲音，都會讓智慧音響的使用增加很多環境噪音。為了能夠正確辨識使用者的指令，智慧音響需要在不同環境下進行聲紋辨識，並過濾環境噪音，讓它能夠滿足不同環境下的使用需求，避免出現「錯誤辨識」、「無法喚醒」、「異常喚醒」等情況。

第 3 章 人工智慧如何應用

## 3.5.5 經濟性

「經濟性」指標用來衡量人工智慧應用所創造的經濟效益，它是重要且直接的評估項，尤其是對企業而言，無論是投入人員自研或外部採購，都需要衡量投入／產出比，講直接一點，就是需要評估人工智慧在企業中的應用「值不值得」。對於人工智慧，無論是研發的人力成本投入，還是計算資源成本都很高，如果場景本身價值不高，就容易出現「大材小用」的現象——技術有深度，花了很多成本，但實際價值卻不高。

**1. 直接產生效益**

提高人工智慧應用的直接經濟效益，可以從「降低成本」、「提高效能」兩個角度展開。

**1) 降低成本**。「降低成本」即降低企業成本，包括人工成本、設備資源。

人工智慧降低人力成本，是指對重複性體力工作的替代，比如客服、巡邏監視人員等。這部分人工成本的降低，可以直接透過原先職位的人員薪酬水準和人數來衡量，但要注意的是，人工智慧「替代」部分人工工作，一定會圍繞原先場景創造新職位，比如對客服來說，人工客服數量雖然減少了，但需要有配置或訓練人工智慧客服的新職位來輔助人工智慧的應用，前後人力成本的差值，才是人工智慧真正產生的價值。

另一種「降低成本」方式，是透過提高資源的配置效率，來降低企業成本的投入。比如自營電商平臺會有自己的倉儲廠房，廠房租金是成本的一部分，根據商品不同類別的歷史銷售情況和流行趨勢變化，透過

## 3.5 如何評估 AI 應用的價值

人工智慧預測不同地理位置下使用者對商品的購買情況，來動態調整倉儲位置和生產計畫，既可以降低商品儲存週期，進而降低倉儲成本的投入，又可以讓使用者更快拿到購買的商品，提高使用者線上購物的滿意度。

**2) 提高效能**。「提高效能」是透過人工智慧的能力提高供需匹配效率，或縮短完成任務的時間。比如我們熟悉的「推薦系統」應用在電商、新聞閱讀等領域，分別透過使用者的喜好、歷史行為等特徵，個性化推薦商品和新聞，提高使用者的購買轉化率及使用時長，進一步帶來 GMV（Gross Merchandise Volume，商品交易總額）的提升和廣告曝光時長的增加。在這種場景下，我們可以直接透過人工智慧應用前後核心指標的提升，來評估人工智慧產生的效益。比如對於新聞內容，在廣告 CPM（Cost Per Mille，千次印象費用）不變的情況下，推薦系統增加了使用者使用的時長，增加了廣告的展示量，帶來了更多的廣告收入。

在我們計算好了「降低成本」、「提高效能」對應的收入範圍之後，還需要和人工智慧應用的成本投入進行對比，來計算「投入／產出比」。一般有部署案例的垂直領域人工智慧解決方案，應用的實施週期會更短，經費投入也會比「外包」或者「自研」成本更低。

**不同場景下、不同的人工智慧應用方案，為企業產生的經濟效益，有的直接可以衡量，有的需要找到「對比物」來間接衡量。**

### 2. 間接產生效益

通常在兩種較為常見的場景下，人工智慧的價值是難以被直接衡量和看清楚的，甚至會讓很多人覺得它可有可無，因此最關鍵的是要找到「對比物」。

## 第 3 章　人工智慧如何應用

　　第一種場景是「合作型工具」，人工智慧作為輔助我們的「助手」，幫我們提高效率，如「輔助寫作」或「輔助程式設計」之類的產品。雖然這類工具型人工智慧產品很好使用，甚至當我們養成習慣後難以丟掉，但客觀上評估「合作型工具」帶來的價值是很困難的。一是因為這些產品或功能非「剛需」，就算不用，也不會影響任務的完成，比如我們想要拍一張照片，那手機或數位相機對「拍照」來說是「剛需」，有沒有人像辨識、背景虛化等功能是「非剛需」；二是因為衡量「合作型工具」時，難以排除其他干擾條件的影響，比如我們自己對事情的熟練程度，或者和其他合作者之間的配合等。

　　以編輯使用的「寫作助手」為例，它是一個可以預測更長輸入內容的輸入法，編輯只需要輸入首字母，它就可以自動預測一整行需要編寫的內容。可以將「工具」的價值和編輯的「工作時間」進行對比，因為在工作中用時長短和「薪資」是可以對應的。比如原先編輯每天編寫內容的時間是 5 小時，用了「人工智慧寫作助手」之後提高了效率，每天只用 4 小時就可以完成任務，編輯多了 1 小時可以用於休息或處理其他工作，那麼這「1 小時」對應的薪資，就可以用來衡量「人工智慧寫作助手」的價值。

　　第二種場景是監控、預警型產品，它們的功能是幫助企業規避損失和風險。人有僥倖心理，除非因為監控不得當、預警不及時而造成損失，目前不少企業對這類產品都不夠重視。這類產品的「對比物」就是當問題真實發生時的「損失」。每個企業抗風險的能力是不一樣的，因此可以接受的損失範圍也不同。如何計算「損失」？比如企業伺服器發生當機，影響了使用者的正常購買服務，可以透過過去一年企業發生過的故障時間來度量「損失時間」，之後按照正常單位時間內使用者訪問為企

業帶來的收入,即可計算出潛在的損失價值,這個價值可以用來衡量監控、預警型產品。

**3. 人工智慧定價：價值的 10%**

當我們衡量了人工智慧應用的經濟價值之後,如何幫人工智慧定價?如果創造多少價值就賣多少錢,那麼使用人工智慧的人就無利可圖了,技術也就無法創造更多價值。

我透過和業內朋友以及企業家交流得到經驗,大致有了一個標準:10%。

意思是說,整體人工智慧應用的成本如果是其創造價值的 10%,那麼企業引入人工智慧投入的成本就是合適的。具體成本包括技術服務的價格、需投入伺服器等硬體計算資源、配套的人力成本三個方面。

為什麼是「10%」?

人工智慧在應用之後,可能由於「數據不足」或「可解釋性差」等問題,會出現特殊情況無法處理,且投入使用後,需要一段時間累積數據、不斷調整、最佳化,所以這種定價方法,能夠為人工智慧應用預留出更多試錯空間。隨著「投入成本／價值」比重的提高,企業的接受程度也會直線降低,「10%」最容易讓企業接受,從而自上而下地推動人工智慧在企業內的應用。舉個例子,原先企業的客服人數是 20 人,引入一個智慧客服後,兩個人工客服和一個智慧客服就可以滿足企業的日常需求,那麼如果這個智慧客服的價格大概為 1.8 個人工客服的薪資(算式:(20-2)×10% =1.8),企業就容易接受這個價格。

第 3 章 人工智慧如何應用

## 3.6 如何確保數據品質

　　數據的價值和重要性不言而喻，數據的價值越高、越貼近場景，人工智慧應用的效果就越好，數據品質的好壞，會直接影響人工智慧應用的效果，同時也更能輔助人工智慧在場景中的應用。在著手實施之前，要先對數據進行評估，需要建立標準的評估方法和規範。

　　在演算法實施前評估數據的品質，可以節省大量試錯時間。人工智慧透過演算法模型，挖掘數據中隱藏的知識和資訊，如果數據品質不佳，雖然花費很多時間和精力，但也無法得到有用的模型，甚至可能產生錯誤的結果。對於品質較差的數據集，沒有必要花太多時間和精力去做應用的工作。提前評估數據也可以降低得出錯誤結論的機率，如果能夠及時發現數據中存在的問題，就可以提前修正，避免將數據中的錯誤和失真，帶到模型訓練的過程中。

　　**數據品質需根據具體的場景來定義，以滿足應用需求為目的。**

　　本節的目標是面向人工智慧應用的任務目標，建立切實可行的評估數據品質的方法。人工智慧除了對數據有量的要求外，還有質的要求，因此我們評估數據品質是分「定性」和「定量」兩個部分來進行探討。

## 3.6.1 定性評估你的數據

「定性評估數據」的目標，是透過一些規則，建立對整體數據集的評估，來判斷數據是否滿足應用場景的要求。評估方法可以分為「數據可信度」、「數據相關性」、「數據覆蓋性」、「時效性」以及「數據合理性」。

**1. 數據可信度**

「數據可信度」主要用來評估數據的來源是否可靠，首先需要評估數據是否具有權威性，如圖 3-20 所示。當我們選擇的數據是從某官方管道蒐集的，或者有科學研究機構、大型企業等管道背書時，數據來源就會更加權威可信。往往公開的科學研究實驗都是採用公開的、被從業者廣泛認知和使用的數據集，以防止他人對數據合理性產生懷疑。

另一個評估角度是數據採集方面，包括數據採集、數據處理、數據儲存的全鏈路。數據採集階段容易受到環境干擾，也會因為人員操作、設備問題而產生數據遺失、數據不準確等問題，同時還需要注意蒐集方法是否合理、數據蒐集的條件是否和實際使用場景一致。數據處理階段需要注意數據處理計算的複雜度是否可以接受，在數據計算過程中，會對數據按照某種規則進行處理，處理成業務需要的形式，在過程中涉及數據欄位合併、抽象等，同時還要注意中間的計算環節是否有數據校正，以確保數據計算環節不會出現錯誤和遺失。在數據儲存上，需要評估數據儲存的結構是否合理，是否便於二次使用。

## 第 3 章　人工智慧如何應用

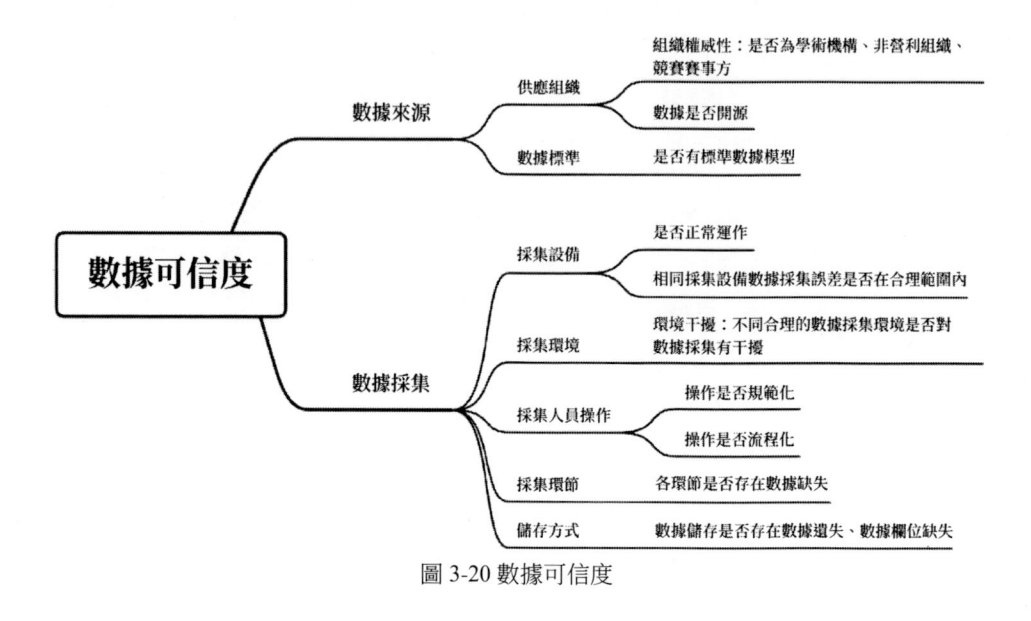

```
                              ┌─ 供應組織 ─┬─ 組織權威性：是否為學術機構、非營利組織、
                              │           │   競賽賽事方
                ┌─ 數據來源 ──┤           └─ 數據是否開源
                │             └─ 數據標準 ── 是否有標準數據模型
                │
                │             ┌─ 採集設備 ──┬─ 是否正常運作
                │             │             └─ 相同採集設備數據採集誤差是否在合理範圍內
數據可信度 ─────┤             ├─ 採集環境 ── 環境干擾：不同合理的數據採集環境是否對
                │             │              數據採集有干擾
                └─ 數據採集 ──┼─ 採集人員操作 ┬─ 操作是否規範化
                              │               └─ 操作是否流程化
                              ├─ 採集環節 ── 各環節是否存在數據缺失
                              └─ 儲存方式 ── 數據儲存是否存在數據遺失、數據欄位缺失
```

圖 3-20 數據可信度

### 2. 數據相關性

透過人工智慧對數據進行分析和應用的目標，還是為實際場景服務，因此數據只有緊密圍繞業務需求才有意義，「數據」和「場景」的相關性越高，越有利於我們發現數據之中隱藏的規律。和實際業務有很強相關性的數據集才是有價值的，不相關的數據，不管其多麼豐富，都難以支援應用。

一般直接從場景內採集的數據相關性是有保障的，只要數據採集過程和採集方式得到確認即可。大部分情況下，數據都是從相關的場景或系統中匯聚形成，比如「大數據徵信」，往往用到的數據，包含使用者基本資訊、個人資產資訊、家庭資訊、還款紀錄等，單一管道的數據，可能存在仿造和詐騙的可能性，因此需要透過多方合作來獲取關於借款的數據，這樣一方面能夠相互檢驗數據的真偽，另一方面，能夠透過多方

數據來完善使用者畫像，用於對借款進行信用評估。

「數據相關性」評估可以從以下兩個角度著手：

**1) 數據欄位是否反映業務邏輯：** 數據的各欄位和取值是否有明確的、和業務直接相關的含義，是否有明確導向。比如預測個人還款能力，「個人收入」就是一個強相關指標，而「個人喜好」的相關性就差一些。

**2) 數據和業務目標相關：** 當數據是在場景中產生，或數據的來源與當前場景相似度高時，數據集和業務目標的相關性更好。比如在金融風控領域，業務人員的業務目標就是分析當這個借款貸款之後，會不會有違約的風險，那麼他在其他消費類型貸款的還款紀錄數據，就和當下業務目標相關。

### 3. 數據覆蓋性

「數據覆蓋性」用來衡量數據是否可以覆蓋場景中的所有情況，數據覆蓋性越強，越能夠展現場景內不同輸入的結果，人工智慧越能夠輔助我們發現異常情況，進而輔助決策。比如透過人工智慧對伺服器的執行情況進行監控，來預測潛在的服務異常情況，那我們訓練人工智慧的數據集，包含伺服器的執行指標，如 QPS、儲存使用率、CPU 使用率等數據，如果我們獲取的數據不能覆蓋所有的異常情況，訓練數據集中全部都是伺服器正常執行的數據，不包含服務介面錯誤、伺服器故障的數據，那麼人工智慧也無法從數據中找到關聯來預測這些問題。

提高數據覆蓋性可以從以下三個角度入手：

- 採集數據時，可以不斷修改輸入數據的範圍，或調整環境條件，來獲取系統在各種情況下的表現，同時也盡量觸發一些邊界條件，來觀測系統是否出現異常表現；

- 建立好數據回饋機制,以挖掘更多場景,如果「數據覆蓋」不足,那麼當人工智慧上線後,可以定期觀測系統的表現,看看實際的執行中,是否有數據集中沒有覆蓋的情況。當發現未覆蓋的情況後,記錄當時的輸入數據、輸出數據和環境條件,不斷補充數據集;
- 把整個場景劃分為多個子階段,對每個階段的輸出數據進行採集和統計。一般觀測到的數據表現都是偏整體視角,但其中各個子環節的數據波動情況可能會相互抵消,或因為不同數據欄位的標準不同,某些子階段輸出的數據,不會表現在整個系統輸出的數據上。因此,數據採集要覆蓋場景內的各個環境,應盡量從「全連接」的角度去蒐集數據。

### 4. 時效性

系統、服務是在不斷升級和發展的,因此數據格式和數據屬性會發生變化,當數據時效性差時,分析數據得到的結論,往往會失去實際意義。比如「預測天氣」,一般使用的數據都是近期的天氣情況,如果數據距今相差了幾個月,甚至幾年,可能環境都發生了質的變化。因此當時間間隔較長、時效性不足時,人工智慧提供的預測結果會有偏差。對數據時效性的評估,可以從數據本身的「場景需求」和「數據環境」變化兩個角度入手。

數據往往圍繞業務和場景產生,在經由演算法模型分析前,需要經過一系列的資料淨化、加工的步驟,而這些數據處理步驟,都需要消耗一定時間,因此從「場景需求」角度來看,根據數據處理消耗時間的長短,可以將數據分為「即時數據」和「離線數據」。「即時數據」是指數據從採集到使用這段時間的延遲較小,一般為毫秒、秒、分鐘級別;「離線

數據」一般是指天級別以上的時間延遲。數據的時效性需要適應場景需求，比如如果要對倉庫火災隱憂進行預警，時效性顯然應該是「秒級」即時數據，如果數據時效性變成「天級」離線數據，恐怕當有異常情況發生時，也為時已晚。兩種數據時效性的對比，如表 3-3 所示。

表 3-3 即時數據和離線數據的時效性對比

| 類型 | 時效 | 優點 | 缺點 | 場景舉例 |
| --- | --- | --- | --- | --- |
| 即時數據 | 毫秒、秒、分鐘、小時級別 | 1) 數據處理速度快<br>2) 時效性強 | 1) 計算資源成本高<br>2) 數據準確性較差 | 1) 監控告警<br>2) 即時行銷<br>3) 個性化推薦<br>對數據時效性要求高的場景 |
| 離線數據 | 天級別及以上 | 1) 計算資源成本低<br>2) 數據準確性強 | 計算、處理週期長 | 1) 歷史數據分析<br>2) 使用者留存分析<br>3) 企業財務數據分析<br>對數據準確性要求高於時效性的場景 |

除了場景本身外，我們也要根據場景環境、數據標準、場景目標等數據，從採集到應用的全連接中，是否有環節發生變化來評估數據，如果在某日期之後，數據採集裝置更換、環境或數據採集流程發生了變化，影響數據取值範圍或數據分布發生了本質變化，那麼只有所有變更結束之後採集的數據才有意義，才能真正反映場景的真實情況，在此之前採集的數據都是無意義的，因此應當從數據集中將「變化」之前採集到的數據剔除。

## 5. 數據合理性

「數據合理性」用於評估數據各欄位含義是否規範以及是否標準，數據欄位中如果出現和真實含義不相符的部分，可能是因為採集過程中出

第 3 章 人工智慧如何應用

現了問題；而數據不規範的問題經常因數據標準未統一或手工填入數據造成，品質高的數據都遵循一定的標準。比如數據的每個欄位都有定義好的格式和取值範圍，同時還需要檢查欄位內含義相同的內容的表達方式是否統一，比如表達「軟體工程師」，人們會寫「程式設計師」、「開發者」等，這種表述需要統一。

保持「數據合理性」最好的方法就是採用一定的方法來對數據欄位的取值進行檢驗和約束。

**1) 類型取值約束**：比如證件類型、職業等屬性類型取值，要讓使用者選擇，而不是手動填寫固定取值的範圍，從而從數據採集端杜絕問題發生。

**2) 長度約束**：比如約束手機號碼欄位長度要等於 10 位，或 IP 位址一定是由 4 組數字，透過「.」分隔並組成。

**3) 取值範圍約束**：比如要求欄位值不能是負數，可以透過檢視數據中的最大值和最小值是否都在合理範圍內，來對數據進行檢查，將不合理的數據從數據集中清除。

**4) 邏輯含義約束**：比如網頁的「PV（網頁點閱率）」一定大於或等於「UV（獨立訪客數量）」，比如轉化率一定是 0～1 的小數。

## 3.6.2　定量評估你的數據

除了定性評估應用前的數據品質外，還應該從客觀量化的角度來對數據資源進行評價，即透過定義指標、指標導向、計算方法來描述數據

各方面的品質。在這一小節，我們將透過「數據完整性」、「異常數據比例」、「數據準確性」來對數據品質進行定量評估。

## 1. 數據完整性

數據完整性展現在數據是否遺失，以及數據的具體欄位是否存在缺失現象。數據完整性也是容易進行定量評估的。

**1）數據紀錄缺失：**透過對比原始統計管道來源數據的數據量，和用於人工智慧應用蒐集的數據量，評估數據在採集或轉移過程中是否遺失。數據管道來源可能會因數據同步或數據採集過程的異常，而出現遺失的情況，當人工智慧應用的場景與時序相關，或遺失的數據反映了場景中部分合理情況時，就會造成模型訓練準確率的下降。

在計算數據缺失比例的過程中，如果難以統計具體的缺失數據量，也可以透過統計異常的數據來源和管道比例作為統計結果。比如在一段時間內，數據的來源管道可能會因為數據同步等問題導致數據缺失，這樣我們就可以將缺失管道在總數據量中的比重情況當作「缺失率」。舉個例子，一家網路公司產品分為 Web、iOS、Android 三種使用者入口，其中一個入口因為伺服器故障無法訪問，因此就導致了使用者數據的缺失，如 Web 端伺服器當機，在總流量中比重為 1/5，那麼在這段故障週期內，數據缺失率就是 20%。

還可以從時間的連續性來評估數據的缺失比例，有效的數據紀錄都有時間戳記，數據入庫時間為橫座標，數據量為縱座標，可以將數據入庫進行視覺化。其中，在數據完整蒐集的時間週期內，缺失的部分占總時間週期的比例，可以作為數據時間上的缺失比例。

### 第 3 章　人工智慧如何應用

2）**數據欄位缺失**：統計數據時，每條數據都對應多個欄位，作為數據的特徵描述。對數據進行淨化時，總會發現數據欄位缺失的情況。數據欄位缺失比例嚴重時，會造成數據的不可用，如果數據本身的原始特徵描述缺失嚴重，也難以指望演算法從中學習規則來幫我們解決問題。可直接從數據中匯總統計某條數據欄位為空的數據項在總數據中的比重，來計算欄位缺失比例（作為缺失率），也可以當一條數據中某個欄位缺失時，就將該數據欄位計算為「欄位缺失數據」，進而統計整體數據集中「欄位缺失數據」在數據集中的比例情況。

數據欄位缺失會為特徵工程中「資料淨化」步驟帶來更多的處理量，這裡可以透過「刪除缺失欄位的數據」和「缺失欄位替換」兩種方法處理。「缺失欄位替換」既可用當前欄位的「中位數」、「眾數」、「平均數」、「極值」填入缺失欄位中，又可利用「回歸預測」等方法，透過其他欄位的取值，對當前缺失欄位進行預測並填入。

#### 2. 異常數據比例

人工智慧模型是對樣本數據結構的一種表達和抽象，而和整體表現完全不一致，同時也不在合理範圍內的數據，就是一般定義的「異常數據」。我們常見的比如流量攻擊時的伺服器效能數據，或醫療檢測的病人數據，屬於場景下的包含範圍，不屬於這裡定義的「異常數據」。「異常數據」的出現，會使人工智慧模型在訓練的過程中，把這些數據當成「正常數據」，從而影響模型實際部署後的表現。需要根據業務需求定義什麼樣的數據屬於「異常數據」，可以分為以下四種類別：

1）**數值超過合理範圍**：有的數據欄位超過合理範圍，就會為數據帶來很多雜訊，比如描述一個人的數據項中，年齡超過 200 歲，身高超過

5 公尺。這些數據超過常規認知的範圍，可能是因手誤或數據傳輸過程中出現問題而造成。

**2)欄位類型異常**：「欄位類型異常」主要是數據類型不一致，會影響到數據加工和資料淨化。比如在使用 Excel 表格統計時，我們經常會發現，當儲存個人手機號碼時，如果預設類型是數字類型，那麼當表格寬度小於數據長度時，就會自動省略後面一些位數，從而導致數據紀錄出現偏差。

**3)數據欄位缺失嚴重**：有些數據因為欄位缺失嚴重，在後續的數據處理和分析中，不僅會引入雜訊，同時這些數據也無法為分析提供其他有效資訊，可以在前期數據過濾中，將對應的數據欄位去掉以修正。

**4)數據無意義重複**：在部分場景下，重複數據代表了一些實際情況，比如對同一商品的多次購買，但沒有意義的重複數據，可能是為了確保數據能夠入庫，對多個數據來源的數據進行重複的資訊輸入，這些數據在不影響業務的情況下，可以過濾、去除重複，不然在後續分析中，會影響樣本類別的權重。

可以透過視覺化潛在問題數據和正常數據的偏離程度，發現無意義的數據，比如計算某些欄位的平均值和標準差，當數據超過平均程度較大時，就可以由領域專家介入，審視這些偏離數據是否有異常。比如當數據的分布符合常態分布時，可以根據「$3\sigma$ 原則」，對偏離較大的數據進行過濾。

## 3. 數據準確性

「數據準確性」是指資訊有異常或錯誤，準確性不僅指數據是否符合規範，還包含數據輸入和採集環節出現的人為失誤，比如最常見數據由

於格式不匹配而出現「亂碼」，或因為營運人員的失誤，把客戶資訊填寫錯了等。對不準確的數據，可以計算其占總數據的比例，定量評估數據的品質。透過以下方法，可以發現準確性有問題的數據：

**1) 透過其他數據庫校正**。數據往往在入庫前會經歷「數據抽取」、「數據轉換」、「數據計算」等步驟，這些中間數據和數據來源，往往也有不同系統進行儲存和應用，因此可以在不同的數據之間進行相互校正。

**2) 依託業務邏輯，設定規則**。按照三種「一致性」來判斷數據是否有異常：①「等值一致性」，透過其他欄位來判斷當前待校正欄位是否準確，即數據取值必須與另外一個或多個數據欄位在經過處理後相等；②「存在一致性」，即透過一個數據欄位是否存在和其合理取值來判斷其他數據欄位的情況，比如若使用者的「登入狀態」是「已登入」，那麼使用者的「登入日期」不能為空白；③「邏輯一致性」，即透過數據欄位之間的邏輯關係來判斷數據準確性，比如使用者的「註冊時間」一定小於使用者的「登入時間」。

## 本章結語

　　我們看到很多材料介紹各式各樣人工智慧應用的應用，但關於「人工智慧應用步驟」的內容卻非常少，因此很多人往往了解具體的應用，但到了自己想要應用人工智慧時，卻不知道從何下手。因此在本章中，我介紹了人工智慧應用的五個步驟，並透過實際案例展開講解，為你提供應用的參考。從中我們可以發現，人工智慧在實際場景中的應用，是依賴實踐的系統性的工作，雖然不同演算法適合應用的範圍是有限的，但人工智慧應用的步驟是可以總結歸納的，可以和我們的領域知識相結合，以解決我們遇到的問題。

　　如何評估人工智慧應用也是阻礙人工智慧發展的原因之一，懂技術的開發者不了解場景，懂場景的人看不懂技術指標，因此本章提出了評估人工智慧應用的五個角度，並透過拆解成具體的指標，讓你能夠全面、合理地評估應用的效用。「If you can't measure it, you can't improve it.」（如果你無法衡量，也無法成長。）這些指標也可以幫助你以數據驅動，持續最佳化和完善人工智慧解決方案。

　　在本章的最後，我著重介紹了「數據」的評估。「演算法」、「算力」、「數據」是人工智慧的三要素，但「數據」往往被人忽略。在很多人的思維裡，人工智慧還是透過強大的電腦算力和演算法來「暴力」解決問題，但其實人工智慧是系統性的數據應用實踐方案，數據決定人工智慧能夠應用的程度，可以說是最重要的一環。

　　在第 4 章中，我將透過幾個具體的案例展開講解，希望能藉此強化

### 第 3 章　人工智慧如何應用

你對人工智慧應用步驟的理解，並能夠透過這些案例「舉一反三」，從你的工作生活中找到應用的場景，並知道如何應用人工智慧。

## 參考文獻

[1] NARAYANAN A，SHI E，RUBINSTEIN Bi P. Link prediction by de-anonymization：how we won the kaggle social network challenge[C]. New YorK：IEEE，2011.

[2] 李靖華，郭耀煌. 主成分分析用於多指標評價的方法研究 —— 主成分評價 [J]. 管理工程學報，2002，16（1）：39-43.

[3] JENSEN C A，El-SHARKAWI M A，MARKS R. Power system security assessment using neural networks：feature selection using Fisher discrimination[J].iEEEPower Engineering Re- view，2001，21（10）：62-62.

[4] 謝明文. 關於共變異數、相關係數與相關性的關係 [J]. 數理統計與管理，2004（3）：33-36.

[5] REN Jiang-Tao，SUN Jing-Hao，HUANG Huan-Yu，et al.Feature selection based on information gain and GA 一種基於資訊增益及遺傳演算法的特徵選擇演算法 [J]. 電腦科學，2006，33（10）：193-195.

[6] LOUIS S. Journal of chronic diseases，St. Louis[J]. Journal of the American medical association，1970，211（2）：336.

[7] XU W，HE J，SHU Y，et al. Advancesin convolutional neural networks[M]//ACEVES-FERV- ANDEZ. Advances and applications in deep learning. London ：IntechOpen，2020.

[8] ZAREMBA W，SUTSKEVER i，VINYALS O. Recurrent neural network regularization[J/OL].Arxivpreprint，2014，(1) [2023-06-22]. https：//arxiv.org/abs/1409.2329v2.

[9] RADFORD A，METZ L，CHINTALA S. Unsupervised representation learning with deep convolutional Generative adversarial networks[J]. Computer science，2015.

# 第 3 章　人工智慧如何應用

# 第 4 章
# 五大 AI 應用案例分享

　　本章介紹了人工智慧應用的 5 個具體場景案例，並按照第 3 章的應用步驟展開講解在這些場景中應該怎麼做，希望借這 5 個案例「拋磚引玉」，引出你的思考。人工智慧應用的第五步「實施：人工智慧系統實施／部署」涉及具體的技術架構設計和軟體程式碼編寫，不在本書的討論範圍之內，感興趣的讀者，可關注我的紛絲專頁後留言諮詢。本書關注的是對人工智慧應用的思考方法和步驟的探討，從而能夠讓你了解人工智慧的「能力」，以及找到適合發揮這個「能力」的場景。

第 4 章　五大 AI 應用案例分享

## 4.1　任務提醒助手：
## AI 在日常效率管理的應用

我們常見的「智慧助手」本質上是一個「對話系統」，我們透過語音、文字來告訴它需要由它替我們做的事情，如操作手機 APP、設鬧鐘等，類似電影《鋼鐵人》裡面的虛擬個人助手賈維斯。本節我將簡要介紹「對話系統」，之後按照應用的步驟，展開講解「如何設計個人任務提醒助手」，讓你了解製作一個特定「任務」對話機器人的過程。

「對話系統」主要透過自然語言處理技術來獲取並解析使用者輸入的指令，之後按照既定的執行規則執行，為使用者提供服務，比如現在常見的智慧音響，使用設備的麥克風採集聲音，之後透過降噪、辨識喚醒詞的步驟，來完成是否喚醒智慧音響的判斷；如果智慧音響正確辨識了喚醒詞，則將語音辨識為文字，經由系統語義理解後，生成回覆指令和執行動作，並將回覆內容轉語音後，向使用者播出，這個過程中的關鍵部分是理解使用者的「意圖」，並根據意圖給出「回答」。

從形式上來看，對話系統可以分成「任務型」、「閒聊型」、「問答型」三種形式，如圖 4-1 所示。

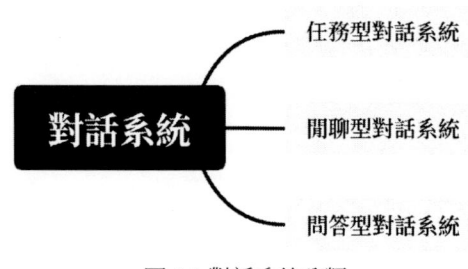

圖 4-1 對話系統分類

## 4.1 任務提醒助手：AI 在日常效率管理的應用

**1) 任務型對話系統**：為了完成某個具體的任務，需要將使用者輸入的指令轉換成具體可以按照任務範本執行的動作。以「訂機票」場景為例，需要根據場景，預先定義使用者的「意圖」和「資訊槽」，比如「明天下午 2 點幫我訂一張從桃園去日本的機票」，此時使用者所表達的就是「我要訂機票」這個「意圖」，要滿足訂機票的條件，需要知道「時間」、「出發地」、「目的地」這些具體的資訊，這些具體的資訊就是「資訊槽」。那麼從這個使用者的輸入中，我們可以提取出「時間＝明天下午兩點」、「出發地＝桃園」、「目的地＝日本」，有了這些資訊後，就可以透過訂票平臺提供的介面來查詢飛機票，並在使用者確認後，完成訂票任務。

**2) 閒聊型對話系統**：沒有限定領域的開放性聊天對話，沒有「任務型對話系統」。這種「對話系統」非常依賴語料庫，也就是「對話系統」訓練的數據集，數據集中的語料覆蓋面越廣、越多，實際效果就越好。

**3) 問答型對話系統**：與「任務型對話系統」類似，雖然同樣有任務目標，但不需要將使用者的輸入內容轉化成參數來執行具體任務指令，只要能夠回答使用者提出的問題即可。比如「怎麼設鬧鐘」、「如何申請退款」，通常在客服領域應用得較廣泛。

本節我將介紹如何搭建一個基於「對話系統」的任務提醒助手，來幫助你記錄和提醒代辦事項，設計它的初衷是因為我們經常會忘記一些事情而手足無措，類似私人管家形式的任務提醒助手，可以幫助我們規劃日常安排和提醒待辦事項，它在形式上類似於我們日常使用的聊天（即時通訊）工具，透過虛擬的人工智慧對話機器人，來完成「任務的輸入」和「任務的提醒」。

### 第 4 章　五大 AI 應用案例分享

**第一步，定點：確定場景中的應用點**

首先，把整個場景的使用過程拆分成具體步驟，並從中找到應用的具體環節。任務提醒助手採用「聊天對話」的形式，使用者輸入「文字」，系統需要從使用者輸入的內容中提取「任務」和對應「執行時間」，然後把這些資訊輸入數據庫中；其次，在「任務」快要到來時，及時提醒使用者，提醒的方式也是採用對話的形式。

在這個流程中，人工智慧有以下兩個可以應用的環節：

(1) 根據使用者輸入的內容分析任務資訊並記錄

比如「我明天上午八點要去監理站」，這句話中包含了具體任務的「內容」和「時間」資訊，可以辨識和記錄到「任務庫」中，但有時候「時間不明確」或「缺少任務資訊」，無法滿足任務輸入的要求，需要透過「發問」的形式，向使用者詢問缺少的資訊，並對任務進行補充。

(2) 在執行任務前，將數據庫中的任務轉換為日常對話的文字內容，為我們發送提醒訊息

這裡的重點是「時間」，需預留出一定時間，讓我們有時間能進行任務的前期準備工作，如整理文字資料，或更換衣著等，這些內容也要在任務輸入時向使用者詢問。

這兩個環節分別可以透過自然語言處理技術中的「NLU（Natural Language Understanding，自然語言理解）」和「NLG（Natural Language Generation，自然語言生成）」來完成。

**第二步，互動：確定互動方式和使用流程**

任務提醒助手的形式是聊天機器人，這類產品的互動主要是對話策略的設計，因此我們重點放在「如何互動」及「透過哪些技術應用」。

## 4.1 任務提醒助手：AI 在日常效率管理的應用

整體的流程如圖 4-2 所示。

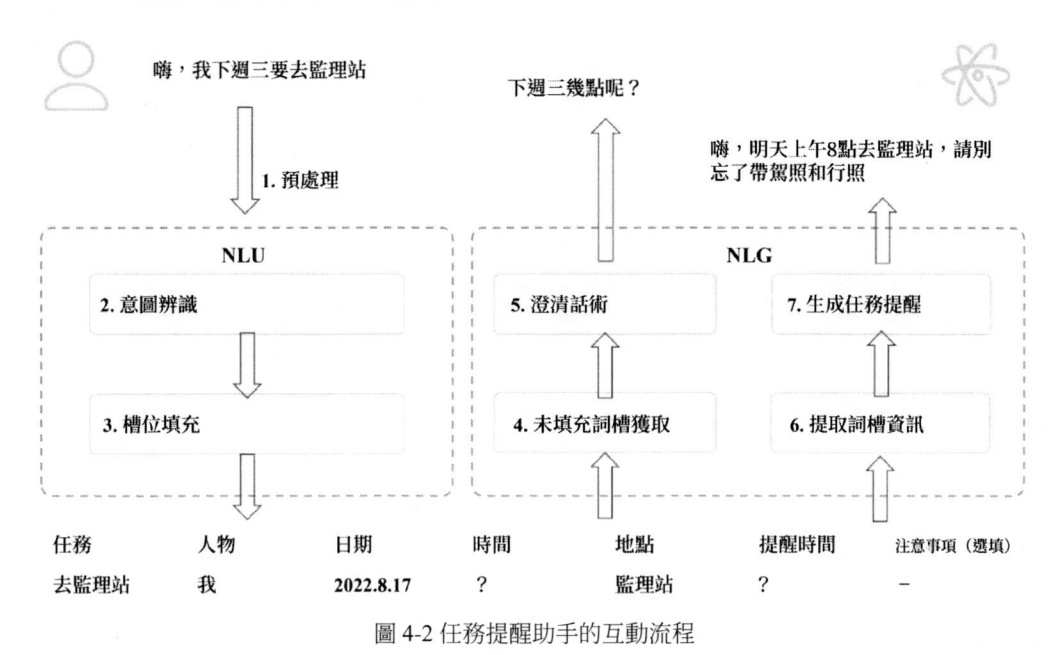

```
使用者：嗨，我下週三要去監理站
         ↓ 1.預處理

NLU
  2.意圖辨識
      ↓
  3.槽位填充

系統回應：下週三幾點呢？
         ↑
  5.澄清話術
      ↑
  4.未填充詞槽獲取

NLG
  7.生成任務提醒 → 嗨，明天上午8點去監理站，請別忘了帶駕照和行照
      ↑
  6.提取詞槽資訊
```

| 任務 | 人物 | 日期 | 時間 | 地點 | 提醒時間 | 注意事項（選填）|
|------|------|------|------|------|----------|-----------------|
| 去監理站 | 我 | 2022.8.17 | ? | 監理站 | ? | - |

圖 4-2 任務提醒助手的互動流程

「預處理」是使用者文字輸入之後所執行的第一步，包含下面三個具體的子步驟。

**1) 分詞**。相較於本身就透過「空格」進行詞切分的英文，中文需要先進行分詞處理，即將一句話轉化成具體詞的構成。比如當你輸入「嗨，我下週三要去監理站」，分詞操作就劃分成：

嗨 | 我 | 下週三 | 要 | 去 | 監理站

**2) 去除停用詞、語助詞等「無效」的內容**。比如這句話中的「嗨」就是對實際分析無用途的語助詞，「呢」、「啊」等這些詞也屬於這個範疇，這個操作是為了將內容轉換為最簡單的表達狀態，以便後續的分析。

201

3)詞向量化。句子分成若干個詞之後,需要把詞對應到具體的「詞向量」,即把我們熟悉的中文詞轉換為電腦可以看得懂的表示,可以簡單理解為把每個詞都用一串由數字構成的向量來表示。

接下來透過人工智慧演算法,對句子進行「意圖辨識」,看看句子屬於場景下定義任務中的哪個類別,直接一點說,就是需要從使用者的對話中辨識出使用者希望做什麼事情,判斷使用者希望完成什麼樣的任務。比如使用者向機器人問了一個問題,於是機器人就需要判斷這個使用者是在「詢問天氣情況」,還是「詢問某部電影的資訊」。

辨識了使用者的意圖,就需要將能夠具體表達使用者意圖的「詞」從句子中提取出來,記錄到用於描述意圖的「詞槽」中,進行「槽位填充」。這裡「槽位」也可以稱為「詞槽」,可以理解為表達一個具體任務所需要的內容描述,如圖 4-2 中的表格所示,任務提醒助手中,需要填充的「詞槽」可以設計為「任務」、「人物」、「日期」、「時間」、「地點」、「提醒時間」、「注意事項(選填)」。在具體場景中,「意圖類型」和「詞槽類型」都需要開發者根據場景定義。

之後如果在「詞槽」中發現一些必填項沒有被辨識到,那麼就需要任務提醒助手將未知資訊透過 NLG(自然語言生成)技術,轉化為一個問題來詢問使用者,以完成未填充資訊的輸入,對應圖中「4」、「5」兩個環節。除了必須有明晰的資訊外,還有一些非必需的內容,比如「注意事項」,也是可以進行記錄的。比如「注意提醒我帶錢包」就是一個可選的資訊,若我們在輸入時沒有明確表達,任務提醒助手也不會對非必需的資訊進行追問。

資訊輸入完成後,到了具體的提醒時間,任務提醒助手會將提示任

4.1 任務提醒助手：AI 在日常效率管理的應用

務資訊轉化成「任務提醒」來通知使用者，對應圖中「6」、「7」兩個環節。

除了上面的整體流程外，還需考量下面的「保證方案」：

在任務提醒場景中，當待辦事項很重要時，如果任務提醒助手服務有問題或出現錯誤情況，就會耽誤正事。因此，為了預防任務提醒助手服務出現問題，需要有保證方案。比如對任務數據庫中已經輸入的內容，按天、定時發送推播訊息或簡訊、郵件提醒，而不是只透過人工智慧聊天提醒。同時還可以對任務進行重要等級劃分，進階的任務，可以設定需要使用者回覆確認後才會標注任務提醒已送達，否則可以每隔一段時間進行重複訊息提醒。

需要額外注意的是，當無法辨識使用者「意圖」時，需要透過規則化的話術來對使用者進行詢問，比如當使用者隨意輸入內容時，可以隨機發問「需要我幫你查一下明天的工作安排嗎？」或者「需要我幫你設定任務提醒嗎？」來引導使用者使用。

**第三步，數據：數據的蒐集及處理**

要完成上面的流程，數據層面需要的準備工作，主要包含以下兩個方面：

(1) 語料庫

語料庫包括用來對使用者輸入語句進行「意圖辨識」以及任務提醒助手在解答使用者問題時的「應答範本」。「意圖辨識」語料庫需要根據使用的場景列舉一些常見的場景內話術，以及相應的意圖標籤。比如「明天下午四點有個遠端會議」類別是「任務輸入」，「明天下午幾點開會？」類別是「詢問任務詳情」。語句標注越仔細，意圖辨識得就會越準確。在每個具體的意圖分類中，針對使用者的輸入，需要我們補充一些問題的

### 第 4 章　五大 AI 應用案例分享

「應答範本」，這樣在「意圖辨識」之後，就可以按照我們既定的範本，從任務數據庫中提取對應的資訊，然後生成對話話術給使用者，比如當使用者詢問「明天的會議是幾點？」時，就需要從任務數據庫中找到任務紀錄，並提取出使用者想詢問的「時間」資訊，之後透過在「應答範本」中填入相關資訊來回答使用者。

(2) 個性化詞庫

個性化詞庫用於「使用者個性化描述的資訊」和「實體」之間連結關係的構建，可以透過對使用者日常對話語料數據的處理，來完成個性化詞庫的構建，將一些名詞和使用者的常用縮略詞相對應，這樣任務提醒助手在遇到使用者個性化表達輸入時，能夠完成資訊的辨識和提取。

**第四步，演算法：選擇演算法及模型訓練**

這部分內容按照「自然語言理解」(NLU) 和「自然語言生成」(NLG) 兩個部分來展開介紹，這兩個部分分別對應著「使用者輸入任務」和「任務提醒使用者」。

(1) 自然語言理解：分析使用者輸入的內容任務資訊並記錄

要讓任務提醒助手明白你發的訊息，包括「意圖辨識」和「槽位填充」兩步，我們先來看一下整體效果大概是什麼樣子：

**範例一**

使用者輸入：下週三下午三點在公司有一個重要的會議。

意圖：輸入任務；

槽位資訊：

任務實體：開會；

人物實體：我；

## 4.1 任務提醒助手：AI在日常效率管理的應用

地點實體：公司；

日期實體：下週三；

時間實體：15：00。

**範例二**

使用者輸入：明天下午我有什麼安排計畫嗎？

意圖：詢問資訊；

槽位資訊：

日期實體：明天；

人物實體：我；

時間實體：13：00～17：00。

　　從中我們可以看出，在場景中，使用者的意圖可以分為「詢問資訊」、「輸入任務」、「修改任務」，對於不同的使用者意圖來說，任務提醒助手所完成的功能是不一樣的。當我們的意圖是「詢問資訊」時，需要從使用者的聊天內容中知曉想要了解的內容是什麼，比如是哪個任務、什麼時間執行，且需要透過一些判斷條件來從任務數據庫中匹配到具體的任務，生成話術後再告知使用者；當使用者的意圖是「輸入任務」時，我們就需要從使用者文字中找到關鍵資訊，並按照圖4-2表格中的槽位完成輸入。

　　按照意圖分類，任務提醒助手中不同分類所需要填充的「槽位」，可以細化成如表4-1所示。

## 第 4 章　五大 AI 應用案例分享

表 4-1 任務提醒助手的詞槽詳情

| 意圖一：詢問資訊 | 人物實體 | 時間實體 | 日期實體 | — | — |
|---|---|---|---|---|---|
| 意圖二：輸入任務 | 任務實體 | 人物實體 | 地點實體 | 時間實體 | 日期實體 |
| 意圖三：修改任務 | 任務實體 | 地點實體 | 時間實體 | 日期實體 | 修改內容實體 |

　　人工智慧思考過程完全是按照「意圖」和「詞槽」來進行的，有多少種「意圖」，就需要預先定義多少種「詞槽」組。當「詞槽」填充完成時，也意味著使用者這一次的任務輸入已經明確細化，且沒有歧義。當有「詞槽」沒有填入的內容時，就需要透過話術「發問」來引導使用者輸入。因此，定義「詞槽」的時候，還需要定義與之對應的「追問話術」及「歧義澄清話術」。比如當使用者輸入「我今天下午要去拿包裹，請你下午三點提醒我」時，這句話中關於「地點實體」，也就是「去哪裡拿包裹」不夠明確，因此可以透過「你要去哪裡拿包裹？」來詢問使用者。如果使用者回答「全家便利超商」，那當附近有多家全家便利超商時，就存在「歧義」，進而繼續追問。這裡圍繞「地點實體」的「追問話術」及「歧義澄清話術」，可以定義如下：

　　槽位：地點實體；

　　追問話術：你要去哪裡＋「任務實體」；

　　歧義澄清話術：是要去 xxx 還是 xxx？

　　「意圖辨識」常見的實現方法有以下三種，我們將逐一展開介紹。不同方法對應的「槽位填充」方法也不一樣。

## 4.1 任務提醒助手：AI 在日常效率管理的應用

**方法一：範本匹配**

人工分析每個意圖下有代表性的句子，然後從這些句子中總結出能夠盡量覆蓋這些句子構成的範本規則，這樣當使用者輸入內容，對語句進行分詞、詞性標注、命名實體辨識等處理後，判斷使用者輸入的句子和人工總結範本的匹配程度。當匹配程度超過一定比例時，就可判斷使用者的意圖和這個範本一致。

舉個例子，比如「輸入任務」相關的句子：

「Hello，明天下午三點我要去公司拿電腦。」

「幫我設定一個提醒，下週三我要去監理站。」

「明天晚上六點我約了張三去打籃球。」

「週日中午有個聚餐活動，我要去和老朋友聚一聚。」

從這些句子之中，可以歸納出範本：

.*?[ 日期 ][ 時間 ].*?[ 人物 ].*?{去|到|處理}[ 地點 ][ 任務 ].*?

這個範本類似「正規表示式」[1]，可能有的讀者對它不是很熟悉，讓我們來解釋一下。範本中的「.*?」表示的是任意文字，使用者輸入的語句中，和任務關鍵資訊不相關的內容；「[]」內的內容則代表了需要辨識的任務資訊；「{}」括號內用「|」符號代表「或」。以上面例子第一句話為例，在分詞和辨識詞性之後，可以辨識出「日期＝明天」、「時間＝下午三點」、「人物＝我」、「去」、「地點＝公司」、「任務＝拿電腦」，這些詞語也按照範本的順序進行排列，因此它和範本完全匹配。和範本匹配超過一定比例即可，因為一方面人工總結的範本難以窮舉所有的情況，且人的語言輸入是不規則的，不一定完全按照範本的順序組織排列，比如上面例子的第三句話，缺少了「地點」資訊，但除了地點，都和範本匹配，因此匹

配程度很高,缺少的資訊可以透過後續的「追問」來讓使用者補充。

**方法二:相似語句查詢**

透過語料庫中和使用者輸入語句相似度最高的語句的意圖,來判斷使用者意圖。在語句分詞後,透過句子中詞的「詞向量」等方式,把句子表示為「句向量」,把使用者輸入的訊息轉化為電腦可以計算的表示方法,比如把「明天下午我有什麼安排計畫嗎?」轉化成由多個數字組成的向量表示,如「[0.03,0.004,0.284,0.483,0.637]」;之後計算使用者輸入句子和語料庫中已標注意圖的句子的相似度。相似度的計算可以使用常見的「歐幾里得距離」、「餘弦距離」、「交叉熵」等計算方法。當找到最相似的句子後,就可以將這個語料庫中句子的意圖貼標籤,作為使用者輸入句子的標籤,之後系統就會按照對應的意圖來執行。

在這裡介紹一個「詞向量」和「TF-IDF」結合的方法。透過一些公開的詞向量表示的工具套件,如 Word2vec[2],結合語料庫,就可以把每個詞表示成一個有一定長度的「詞向量」,在分詞之後,一個句子中的每一個詞,就由一個數值向量來表示。那麼如何用這些「詞向量」表示句子呢?最簡單的方法就是把每個句子裡所有詞的詞向量平均,然後將每個句子的「詞向量」平均處理得到句子向量,這種方法雖然能夠在一定程度上表示句子,簡單有效,但忽略了不同詞語的重要性。下面我將介紹如何透過「TF-IDF」加權的方法,將不同詞與重要性考慮進來。

「TF-IDF」中的「TF」指「詞頻」,即每一個詞在句子中出現的頻率,它的導向是「一句話中某個詞出現的次數越多,越能用這個詞表示這句話」。TF 的計算方法如下:

TF= 某個詞在語料中的出現次數/語料中的詞數

## 4.1 任務提醒助手：AI 在日常效率管理的應用

「IDF」是逆文件頻率，「DF」是指「文件頻率」，即某個詞在所有話術庫中出現的次數。「IDF」主要用於衡量詞在話術庫中不同語句出現的普遍程度，在話術數據中出現得越多，那麼這個詞就越發呈現共性，用它來代表這句話就越不好。IDF 的計算方法如下：

IDF=lg（語料中的句子總數 /（1+ 包含該詞的句子數））

最後把「TF」的數值和「IDF」的數值相乘，計算得到「TF-IDF」。「TF-IDF」的整體計算公式如下：

TF-IDF=TF（詞頻）xIDF（逆向文件頻率）

假設我們的語料中，一共有 5,000 個句子，「計劃」一詞共出現在 800 個句子中，出現的總次數是 1,000 次，語料中的總詞數是 80,000 個，則「計劃」一詞的計算過程和結果就是：

TF-IDF=TFxiDF=（1,000/80,000）xlg（5,000/（1+800））=0.009942

在得到了每個詞的權重後，就可以對一句話中所有的「詞向量」進行加權平均，以得到一個用於表示句子的「句向量」，之後就可以計算和詞庫中語句的相似度，並找到最相似的句子。

這種方法依賴於語料庫中有一定數量的使用者話術，同時還需要很多手工標注的工作，來對每個話術的意圖進行標注，話術越多，越不容易遺留問題。

**方法三：監督式學習模型**

「意圖辨識」是屬於典型的「分類問題」，可以用機器學習中監督式學習的分類演算法來完成，但監督式學習模型的實現和「方法二」一樣，需

要一定數量的語料庫，並對其中的每個語句進行標注，之後再給具體的演算法模型進行訓練。這種方法需要用 Word2vec、N-gram[3] 等統計機器學習相關的方法來提取句子的特徵，之後再透過「支援向量機」[4]「logistic 回歸」、「隨機森林」[5] 等演算法進行訓練，在這裡就不詳細展開了，感興趣的讀者可以檢視相關文獻。

(2) 自然語言生成：為使用者發送任務提醒訊息

辨識完使用者的任務資訊後，就可以在任務即將到來的時候，生成提醒訊息，並發送給使用者。在應用上，主要有以下方法：

**方法一：數據合併**

這種方法是指簡單地將使用者需要的項目，透過表格或更簡單的方式羅列，直接輸出給使用者，或者填寫到如 Excel 這樣的數據來源中，實際上沒有什麼技術含量。比如發現使用者在詢問某個具體事項的時間，直接向使用者輸出「時間：明天上午九點」，雖然直接滿足了使用者查詢的需求，但不太符合正常聊天的溝通方式。

**方法二：範本化生成**

這種方法是指手動編寫好對應不同意圖的文字資訊，並在其中預留出填寫數據的位置，之後將提取到的使用者需要查詢的資訊填入其中來生成話術。比如針對使用者查詢一個任務的具體資訊，需要預先編寫一個範本訊息，比如「您要查詢的安排計畫是 { 任務 }，時間是 { 日期 }：{ 時間 }，去 { 地點 }」，那麼查詢到具體資訊後，透過將關鍵資訊填入 {} 括號中，來完成語句輸出，當然，範本中也會包含很多連接詞來將關鍵資訊組織得更像自然語言。有時候，一句話可能是由多個句子組合在一起的。

### 方法三：機器學習模型生成

RNN（Recurrent Neural Network，循環神經網路）[6] 相關的模型在語句生成中應用廣泛，這種形式的自然語言生成更像人類生成語言，前提是需要有完備的訓練數據集，且需要包含上下句的資訊標注，這樣演算法才能學習到詞和詞之間連接的機率。當你將語句中的詞一個一個輸入到模型網路中，輸入端會完成輸入的詞，對應詞向量的預測工作，進而完成輸出。

但在面向具體任務的對話場景中，這種方法就不太適用了，方法二會較容易達成。原因是，一來垂直任務場景中語料數據往往較少，無法滿足機器學習、甚至深度學習演算法的數據量要求；二來生成的話術中包含了大量規則化儲存在數據庫中的資訊，端到端的演算法生成的話術，難以預測定位到數據中的具體數據，而直接匹配關鍵字進行查詢，在此時是更直接和簡單的實現方式。

第 4 章　五大 AI 應用案例分享

## 4.2　智慧垃圾分類：生活場景的 AI 實踐

　　隨著人們的環保意識逐漸提升，越來越多地區開始垃圾分類的工作。和以前粗魯的垃圾丟棄相比，垃圾分類不僅可以有效循環、利用資源，也可以降低不可回收垃圾對居住環境的影響，改善地區垃圾循環利用效率低的問題。在這一節，我們看看人工智慧如何幫助解決垃圾分類的問題。

　　**第一步，定點：確定場景中的應用點**

　　先要確定垃圾分類的標準，從垃圾分類的使用場景上，可以分成以下兩種：

　　(1) 場景一：圖像辨識垃圾分類

　　當我們丟垃圾時，透過攝影機辨識我們需要丟的垃圾的所屬類別。人工智慧辨識垃圾類別之後，我們按照給出的類別，將垃圾丟進對應的垃圾桶內。這種使用場景屬於圖像分類場景，需要有大量已經標注好類別的圖片數據集，且物體類別要覆蓋日常垃圾的種類。

　　(2) 場景二：透過語言、文字進行類別查詢

　　無論是透過語音辨識，將人的話語轉換成文字，還是直接透過文字輸入的方式，進行垃圾類別查詢，這種場景主要是使用物品名稱來查詢公開的垃圾分類 API 或數據庫，以此判斷具體的垃圾類別。在這種場景中，人工智慧產生的作用，主要是對不同的文字表述進行物體對應。人的表達方式是各式各樣的，比如「青菜」，人們在詢問人工智慧時，可能

## 4.2 智慧垃圾分類：生活場景的 AI 實踐

說的是「蔬菜」、「菜心」等，但數據庫中難以窮舉人們描述同一個物體的方式，數據庫可能只儲存了「青菜」，因此人工智慧的任務，就是將人們採用的多種自然語言的表達，對應到具體能夠尋找到的垃圾類別，來幫助我們進行垃圾分類。

在這兩種場景中，使用的人工智慧技術是不同的，「場景一」主要是利用深度學習中的卷積神經網路演算法；「場景二」中應用的是自然語言處理相關技術，比如 4.1 節透過「詞向量」來計算不同語句相似度的方法，也是類似的技術。

**第二步，互動：確定互動方式和使用流程**

若透過圖像來辨識垃圾分類，使用流程較簡單，如圖 4-3 所示。

(1) 圖像輸入

一般透過攝影機拍照來完成數據的輸入。

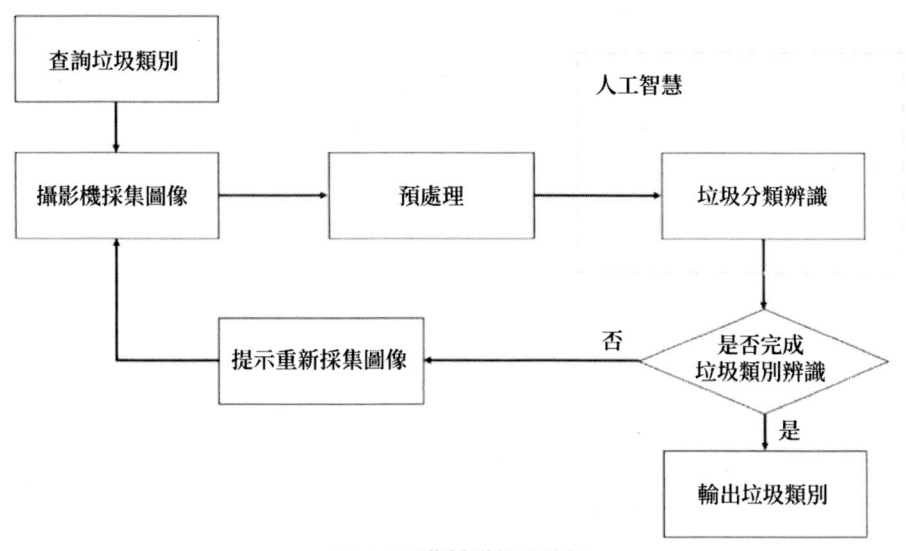

圖 4-3 圖像辨識垃圾分類

### 第 4 章　五大 AI 應用案例分享

（2）圖像預處理

主要是按照演算法模型，要求調整圖片大小以及二值化等圖像處理操作，這些預處理是根據你選擇的演算法來確定的。在訓練過程中使用了哪些圖片預處理的方法，在後續使用模型時，也需要經過相同的預處理方法。

（3）類別辨識

透過訓練好的垃圾分類模型進行垃圾類別的辨識，如果辨識成功，會告訴我們具體的垃圾類別，我們按照其類別進行投放即可；若辨識失敗，可能需要調整圖像輸入的角度，或在圖像中的相對大小，來重新輸入圖像，因為原始訓練數據難以覆蓋具體物體的各個姿態和位置，因此會出現辨識錯誤或無法辨識的情況。

若用「場景二」語音辨識來辨識垃圾，如圖 4-4 所示，由於查詢垃圾的具體類別是透過查詢 API 或者數據庫的方式，人工智慧在這裡的用途有兩個：

一是從文字訊息或語音辨識後的文字中，提取出具體待辨識的物體名稱。比如從「幫我查雞骨頭屬於什麼垃圾」中提取出要查詢的物體是「雞骨頭」；

二是當透過物體名稱無法查詢到分類結果時，能夠找到和查詢物體「名稱不相同」，但其實是「同樣的事物」。比如使用者表達「幫我查菜心屬於什麼垃圾」，數據庫中可能沒有「菜心」這個類別，但是有「蔬菜」，而「菜心」、「蔬菜」、「菠菜」這些都可歸為同一類，因此第二個用途就是來完成這種對應關係。

## 4.2 智慧垃圾分類：生活場景的 AI 實踐

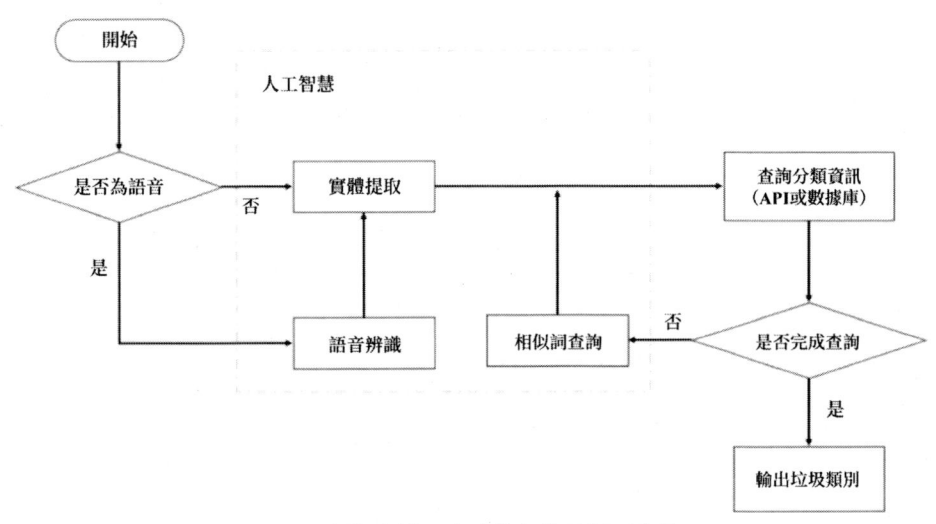

圖 4-4 透過語言、文字進行垃圾類別查詢

**第三步，數據：數據的蒐集及處理**

對「場景一」圖像辨識來說，我們最需要準備的就是不同類別的圖片以及對應的標注數據，用垃圾分類的四個類別作為標注數據，乾垃圾、溼垃圾、可回收垃圾、有害垃圾分別對應標籤為「0」、「1」、「2」、「3」，再將數字標籤資訊標注到各個圖片上，如表 4-2 所示。

表 4-2 圖片標注示意

| 圖片位址 | 標籤 |
| --- | --- |
| 圖片位址 1 | 0 |
| 圖片位址 2 | 2 |
| 圖片位址 3 | 1 |
| …… | …… |

第 4 章　五大 AI 應用案例分享

　　對於圖片集的蒐集，一般來說，可以透過免費圖庫蒐集，也可以透過「爬蟲」技術蒐集合法、公開來源的各種類別的常見垃圾圖片，再透過圖片對應類別，對應到垃圾分類的標籤，以完成半自動化的圖片淨化和標註工作。

　　如果圖片數量不夠或希望透過更多圖片來提升模型表現，可以使用圖像增強的方式，比如「雞骨頭」這個類別的圖片只有幾百張，而其他類別的圖片至少有幾千張，這樣在深度學習模型訓練時，模型肯定會更偏向於對更多圖片類型的物體進行辨識，這可以理解為，模型看某個類別的圖片多了，就更容易「記住」它。為了解決這些問題，可以對圖片進行旋轉、縮放、比例變換，調整亮度和對比度，也可以透過對圖片進行切分或部分遮擋的方式，來提高比例較少圖片的數量，進而提高模型的穩健性。

　　在「場景二」語音辨識中，由於查詢是透過 API 或尋找數據庫中數據的方式，人工智慧在這裡的用途分為「語音辨識」、「實體提取」、「相似詞查詢」，其中「實體提取」、「相似詞查詢」需要做一些數據上的準備和處理。

　　對「實體提取」來說，需要有一個標註類別的數據庫，可以支援我們對使用者輸入語句分詞後，完成對具體詞「詞性」或「類別」的標註，這樣對使用者輸入中的名詞或具體類別的事物，就可以判斷是需要查詢類別的垃圾。需要注意的是，由於在語句中，不同詞的用法和在語句中上下文位置，會顯現詞的資訊，因此可以透過詞語的用法來度量其相似性，所以我們蒐集場景中的語料資訊越多越好，參考公開的語料庫數據就是不錯的選擇。

**第四步,演算法:選擇演算法及模型訓練**

(1)場景一:圖像辨識

在「圖像辨識」中,主要用的是深度神經網路中的卷積神經網路模型,它可以直接透過圖像進行模型輸入,而無須額外的特徵抽取工作,除此之外,還有以下三個原因,導致卷積神經網路常被用於圖像領域:

**原因一,卷積操作適合處理圖像**

卷積神經網路的網路結構對平移操作、比例縮放、傾斜操作或其他形式的變形具有高度不變性,非常適用於電腦視覺領域,同時,卷積操作[7]利用空間中的畫素之間的關係,大大減少了需要學習的模型參數數目,並以此大幅度增強了演算法的訓練效能。

**原因二,卷積神經網路的特徵處理器降低模型過度擬合風險**

卷積神經網路模型還包含了卷積層、池化(下取樣)層等構成的特徵提取處理器。在卷積神經網路的一個卷積層中,通常包含很多個特徵圖,每個特徵圖由很多神經元所組成,在同一個特徵平面上的神經元共享網路權值。共享權值(卷積核)帶來的直接優點,是減少模型各層之間的連接,模型過度擬合的風險和模型複雜度也被降低了。

**原因三,「權值共享」適合處理圖像這種高屬性數據**

「權值共享」這種特殊的網路構造,類似於生物的神經網路,透過「權值共享」大大減少了模型中連接的數量、權值的數量,降低了網路模型的複雜性。當網路輸入如多元圖像的高屬性數據時,這個優點表現得尤為顯著,因此卷積神經網路可以直接使用原始圖像作為輸入,不再需要傳統辨識演算法中包含的多種複雜的前期處理和數據建構過程。

一般我們在訓練卷積神經網路模型的時候,都是選擇一個「預訓練

模型」[8]，在此基礎上進行訓練，可以有效縮短模型訓練、學習的時間。「預訓練模型」是一個在其他圖像辨識任務中已經學習好的模型，模型內部已經學習到對很多圖像細節特徵的表示，我們只需要將模型按照任務的要求進行調整性的學習即可，不需要從頭訓練一個卷積神經網路，縮短了模型訓練的時間，並降低了模型過度擬合的機率。在這裡可以使用 ImageNet[9] 分類任務中的開源模型 ResNet[10] 來作為建構垃圾分類模型的「預訓練模型」。分類模型的最後一層輸出的節點數，往往對應著當前待分類的類別數，因此需要將 ResNet 模型最後一層輸出從 1,000（ImageNet 分類任務的物體類別數量）修改為 4（垃圾分類場景中的分類數量）即可，並利用原模型內部參數作為新模型參數的初始化。

將我們準備的、打好標籤的圖片數據分成訓練數據集、測試數據集、驗證數據集，使用訓練數據集的圖片進行訓練。在訓練過程中，當輸入圖片模型預測類別和實際標注不一致時，透過「梯度下降法」[11] 來調整內部模型的權重，以使模型預測圖片類別的準確率不斷提高，滿足場景的需求。當模型訓練的準確率提升到我們認為合理的範圍，就可以透過驗證數據集進行驗證，如果準確率和訓練時準確率一致，則可以部署模型，用於對我們輸入的垃圾圖片進行分類。

(2) 場景二：透過語言、文字進行類別查詢

按照「語音辨識」、「實體提取」、「相似詞查詢」三個環節，分別展開介紹。

**環節一，語音辨識**

語音辨識的用途就是把使用者的「聲音」轉換成為「文字」，如果使用者透過輸入框直接輸入文字，那麼就不需要「語音辨識」這一步了。

## 4.2 智慧垃圾分類：生活場景的 AI 實踐

這部分需要技術上有很深累積的公司，才能夠做到滿足使用者的使用體驗，個人開發者或小團隊都是使用第三方開發好的 SDK 加入自己的場景中，很多大公司或專門做語音辨識的人工智慧公司，都會有相關的語音辨識產品，透過 API 呼叫它，即可獲得辨識結果。這些商用的語音辨識 SDK 在準確率上差別不是很大，大公司的辨識詞庫會更完全，適合更廣泛的場景，但對於非常垂直的領域就不是很好了，這就需要自訂「詞庫匯入」，使用者可以自己上傳一些垂直領域的專業術語來解決這些問題。

語音辨識在我們場景中不是必需的，因此技術細節就不展開說了，感興趣的讀者，可以檢視相關的文獻資料。我們需要知道，透過「語音」讓使用者輸入指令有一些局限性，第一個局限是，如果無法辨識某些詞或垂直領域專業術語，那後面的流程進行不下去，這樣會給我們一種「人工智障」的感覺，就像很多語音助手被人們「戲弄」一樣；第二個局限是語音輸入會受到很多環境因素的干擾，比如白噪音或麥克風和人的距離等，這些環境因素也進一步降低了語音輸入的有效性；第三個局限是有的場景出於對使用者隱私的保護，也不適合使用「語音辨識」。

**環節二，實體提取**

「實體提取」是從句子中提取出關鍵的內容用於後續的任務之中。如辨識語料中的人名、地名、時間、貨幣等，我們的場景主要是從語料中提取出來用於分類的「物體名」。其流程可以分為四步，如圖 4-5 所示。

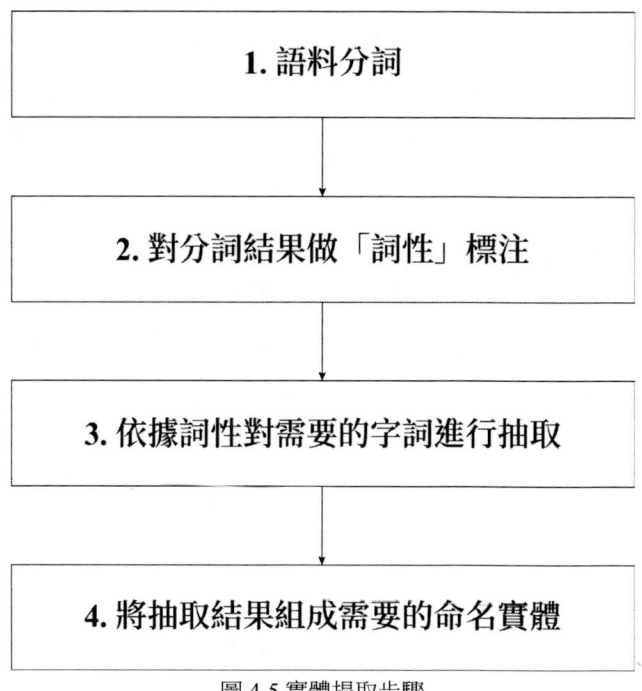

```
┌─────────────────────────┐
│    1. 語料分詞           │
└─────────────────────────┘
            ↓
┌─────────────────────────┐
│ 2. 對分詞結果做「詞性」標注 │
└─────────────────────────┘
            ↓
┌─────────────────────────┐
│ 3. 依據詞性對需要的字詞進行抽取 │
└─────────────────────────┘
            ↓
┌─────────────────────────┐
│ 4. 將抽取結果組成需要的命名實體 │
└─────────────────────────┘
```

圖 4-5 實體提取步驟

　　首先依舊是先對句子進行分詞處理，這裡可以使用開源的分詞框架，比如 Python 語言中的「jieba」或史丹佛大學等一些大學開源的分詞工具[12][13]。其次，對分詞結果進行「詞性」標注，這裡主要是透過標注對一些明顯不屬於我們需要的詞性進行過濾，方便之後按照我們的需求，對詞進行篩選、抽取，最後將得到需要的實體。「實體提取」方法主要可以分為三種：

　　1)**方法一：基於規則和詞典**。使用語言學家手工編寫的規則範本，以模式匹配、字串匹配為主要的方法，常見的特徵有關鍵字、方位詞、標點符號等。基於規則方法的速度會比基於統計的方法更快，同時也更便於理解，有了問題，便於調整規則策略；缺點是手工編寫規則依賴經

驗，建設一整套規則的時間很長，且可執行性很差；對不同領域的語言數據冗餘產生的錯誤，往往需要重新編寫規則。

**2）方法二：基於統計學的方法**。對語料包含的語言資訊進行統計和分析，從中挖掘出不同實體分類的特徵表示。統計方法對語料庫的依賴較大，當數據庫中語料數量和品質可以滿足要求時，基於統計學的方法，就可以很好地應用，因為統計方法如機器學習、語言模型對特徵的要求很高，語料品質越高、場景覆蓋越完全，提取出的特徵越能夠有效反映實體特性。

常用的模型是「條件隨機場」[14]、「支援向量機」、「最大熵模型」[15]。其中「條件隨機場」是一種判別式機率模型，常用於標注或分析序列型數據，為實體命名提供了一個靈活、全局最佳的標注框架；「支援向量機」的相對訓練時間最短，是一種監督式學習的分類模型，原理也是最簡單的；「最大熵模型」訓練時間長、複雜度高，有較好的通用性。

**3）方法三：規則和統計學方法二者混合**。目前主流做法是「少量規則+統計學模型」二者混合的方法，藉助規則知識，提前進行過濾，同時使用基於統計的方法，有助於模型訓練更快收斂，並且達到最佳狀態。

**環節三，相似詞查詢**

當提取出來的詞透過 API 或數據庫尋找垃圾類別時，找不到對應的物體，可能是因為對同一種物體的中文表達方式各式各樣，不同地方的習慣用語也不一樣，因此在標準的查詢結果或數據庫中找不到是很正常的，這時候就需要對查詢的物體換一種表達形式，以進行二次尋找。

可以先看看有垃圾類別的物體名稱裡，是否包含或部分匹配我們輸

## 第 4 章　五大 AI 應用案例分享

入的詞語，如我們輸入的是「菜」，系統裡有「蔬菜」這個垃圾類別，我們輸入的詞屬於完全被系統已有詞「蔬菜」包含的情況，這樣就可以直接透過蔬菜的垃圾類別，來配對我們輸入的「菜」；另一種情況是我們的輸入詞和系統已有詞部分匹配，比如我們輸入的是「白菜心」，系統中存有「白菜根」或「白菜」，這時候需要計算兩個詞之間的相似程度，相似程度可以透過將詞切分成「單字」的形式，如「白／菜／心」，系統已有詞也可以按照這種方式進行切分，之後計算兩者包含相同單字的程度即可。當相似度數值超過一定閾值（如 60%）時，就可以將「白菜根」所屬的垃圾分類匹配給我們輸入的「白菜心」。

如果我們有很多語料資訊，那也可以透過相同詞的上下文相似度，計算詞和詞之間的「共現頻率」，來找到含義相同的物體詞。這部分計算，首先需要找到輸入詞和待計算詞，經過分詞之後，找到相似的句子，之後透過在相似句子中定位需求查詢詞的上下文，以得到「共現頻率」。從原理上可以簡單理解為，當兩個詞總是在相似的句子中出現，並且在句子中產生的作用和詞性也類似時，這兩個詞就有更高機率是在表達相同類別的物品。

還有一種方法，就是透過「詞向量」來將不同的詞向量化，將詞表示為一段數字，之後透過計算不同詞之間的距離，即可度量兩個詞的相似程度。關於詞向量的計算，我們將在 4.3 節的案例中為您展開介紹。

除此之外，如果因為語料缺失或實在無法找到具體物體類別，那麼就只能透過系統反問的方式，讓人工進行標注，之後系統將人工標注的資訊記錄到數據庫中，來滿足下次查詢垃圾類別時，能夠給出正確分類的要求。

## 4.3　AI 輔助學習：知識點的鞏固與延伸

　　學生因為對某知識點掌握不夠全面，經常會因為同類型的問題而丟分，因此在教學過程中，教師會針對錯誤題出一些相似題目，來幫助學生加強知識點。常見的「相似題目」都是由老師或編輯精心篩選、人力新增的題目，這種新增的方式有兩個問題：

　　一是非個性化，不同學生知識的盲點不一樣，為了滿足學生的需求，基本上這類教學材料的所有題目，後面都新增了一、兩道相似題，這樣大部分題目下面的「相似題目」可能就不是使用者的盲點，浪費了數據的版面，也浪費了學生來回翻頁尋找自己需要的題目的時間。

　　二是效率低，學生在不了解自己對知識點的掌握情況下，會對錯誤題目進行大量的重複學習，存在已經掌握好同樣的題目之後，重複加強知識點的問題；同時手動新增題目也占用了老師的時間，難以針對學生提供個性化習題。

　　因此需要人工智慧來幫助我們用提供「相似習題」的方式鞏固知識點，既不需要老師用額外的時間手動編輯題目，又能夠針對學生的掌握程度提供個性化的習題。

**第一步，定點：確定場景中的應用點**

　　根據學生知識點的掌握情況，進行「相似題目推薦」，從技術角度需要做的事，可以概括成「使用者畫像」和「相似題目推薦」，本節我們展開討論「相似題目推薦」的場景。

透過自然語言處理技術度量題目之間的相似性，推薦和學生做錯的題目相同知識點的題目，從中我們可以看出場景中具體的應用點可以分成以下兩個：

- 透過學生對知識點的掌握情況，推薦對應的題目；
- 透過題目之間的相似性，進行相似題目推薦。

提到「推薦」，我們在日常生活中已經很熟悉了，比如電商 APP 中的「猜你喜歡」。我們熟悉的「智慧推薦」和「相似題目推薦」，有以下三點不同：

- 新聞、電商等場景需要維持使用者的新鮮感，因此在推薦內容中，會有一定比例的推薦是熱們內容或和使用者當前的喜好不同的內容，透過新增一定的新鮮感，來擴充使用者興趣邊界的同時，可以豐富使用者畫像的屬性；從另一個角度上看，可以減少品質差的內容泛濫，很多劣質內容的點閱率很高，如果推薦系統只迎合使用者的喜好，最終可能會造成平臺上「劣質內容」泛濫，有價值的內容無法有效觸達使用者。針對具體知識點的題目推薦不注重「新鮮感」，只要做到精準推薦同一知識點的相似題目即可；
- 新聞、電商的推薦往往有很強的時效性要求，而在我們推薦題目的場景中，時效性要求不高；
- 新聞、電商一般有明顯的類別和標籤資訊，且標題一般都很短，大部分標題不包含涉及知識點的文字資訊、類別和標籤資訊，然而對於題目推薦來說，關鍵點在於如何挖掘題目之間的相似性，做到知識點連結題目。

## 4.3　AI 輔助學習：知識點的鞏固與延伸

**第二步，互動：確定互動方式和使用流程**

從學生接觸題目的日常學習流程上來看，互動方式分為兩種：一種是資訊流式的題目推薦，在學生做題目的過程中，根據學生的完成情況，調整後續推薦題目的知識點分布；另一種是在做具體題目的過程中，透過點擊「相似題目」來主動查看相同知識點的題目。下面我們來看看這兩個流程。

(1) 資訊流式的題目推薦

比如我們為學生提供了一個可以做題目的網站，如果做對了題目，那麼學生對相關知識點的掌握權重就提高了一些；如果做錯了、長時間頁面停留未完成或跳過題目，則學生對於相關知識點的掌握權重就會降低一些。這種透過互動來逐漸為學生畫像的方式，類似於在新聞推薦系統中，透過使用者的點選、瀏覽、評論、分享等操作，系統就會根據文章、內容標籤，為相應的使用者打上興趣標籤和權重。在推薦題目中，我們可以提高學生掌握情況不好的知識點的題目推薦比例，讓學生能夠學習、強化這些知識點。

(2) 相似題目推薦

在學生做題目的過程中，在題目頁面新增一個「相似題目」的按鈕，點選按鈕後，自動展示相似的題目，這種「相關推薦」，在尋找題目的時候，無須學生的「知識點畫像」，而是根據學生檢視的題目，從題庫中匹配相似度高的題目。

透過學生做題目的情況，還可以發現潛在題目的知識點，因為大部分題目的原文中沒有明顯包含知識點資訊，而學生對知識點的掌握程度在一小段時間內是相對固定的，因此學生的掌握情況也可以用於反推題

### 第 4 章　五大 AI 應用案例分享

目的知識點標籤，以此建立相同知識點題目的關聯。比如如果發現經常答錯「題目 A」的學生，也經常答錯「題目 B」，但題目 A 和題目 B 是屬於不同的知識點標籤，那麼這兩個題目可能有某些隱含的關聯，後續有學生答錯「題目 A」的時候，也可以向他推薦「題目 B」。

**第三步，數據：數據的蒐集及處理**

本節場景中的兩種推薦方式的關鍵是如何為題目打上「知識點」標籤，假設我們已經有了題庫數據，對於題庫中題目的標籤資訊來說，主要有兩個困難點：

一是已有的標籤較少。因為老師精力有限，大部分題目不一定會有明確標註的知識點資訊；二是同一個題目可能包含多個知識點資訊，但標註資訊不完全，因為題目可能出現在書本的某個章節中，標註的知識點可能只有對應章節的知識點，但題目中可能會涉及其他知識點。

可以按照如下步驟來處理題目數據：

1）**建立知識點體系**：將所有知識點製成一個統一的知識體系表。

2）**透過題目內容來貼標籤**：一定比例的題目是可以透過上下文資訊、題目內容本身來標註的，比如利用題目所屬章節的資訊，或題目原文的知識點資訊，如題目中包含了加速度、力等，優先把這些已有標籤的題目和知識體系表裡面對應的具體知識點建立關係。

3）**處理特殊題目、多標籤題目**：是對既沒有知識點標籤，又很難透過題目本身資訊標註的題目手動打上知識點標籤，比如應用問題。同時很多題目會涉及多個知識點，因此單個題目會有多個標籤，比如常見的「下列說法正確的是？」，這種題目涉及多個知識點的正確判斷，明顯的多標籤題目可以在處理過程中人為新增知識點標籤。

## 4.3 AI 輔助學習：知識點的鞏固與延伸

4）**基於統計學方法來度量題目之間的相似性**：將沒有標注的題目和已經標注的題目進行連結，當二者相似度閾值大於一定數值時，就可以用已經標注過的題目的標籤，來對未標注的題目進行標注。用統計學的方法可以處理一部分題目的標注，比如對於相同場景下，透過修改參數和語句排序來形成的衍生題目，用原題目知識點為這些題目標注即可。

其他題目需要透過「詞向量」等自然語言來處理，這也是下文演算法討論的重點。

**第四步，演算法：選擇演算法及模型訓練**

演算法主要包含兩個方面：一方面是透過自然語言理解來計算題目之間的相似度，用於為無知識點標籤的題目新增標籤，同時也用於直接做相似題目的推薦；另一方面就是在透過知識點和標籤資訊來對題目、學生進行畫像後，根據學生掌握知識點的情況，個性化地推薦題目。

在題目相似度的計算中，輸入是兩個題目的文字內容，輸出是它們的相似度，即一個 0～1 的小數，換算成百分比來表示二者的相似性。文字相似度計算方法有兩個關鍵步驟，即「**文字模型表示**」和「**相似度度量方法**」，前者需要我們將「題目」表示為一段電腦可以讀取和計算的「向量」。那麼如何得到一個句子（題目）的向量表示呢？就需要從更細粒度的「詞」入手，最簡單的表示句子的方式就是用「詞向量」，透過求和平均的方式，來得到句子的向量表示。比如「速度不變，加速度一定為零」這個判斷題，經過分詞之後，這句話的詞構成為「速度／不／變／加速度／一定／為／零」，當每一個詞的詞向量維度一樣時，在每個維度上，就可以用求和平均來計算題目的向量表示，如圖 4-6 所示。

## 第 4 章　五大 AI 應用案例分享

當然透過「詞」來表示句子還有不同的方法，如「詞袋模型」[16]、「N元模型」[3] 等，以下著重講解如何把「詞」表達成圖 4-6 中的「詞向量」。

Word2vec（word to vector，用來產生詞向量的相關模型）[2] 就是將詞轉化成電腦可以處理的數值形式表示的常用方法。它的原理是：A 是句子裡面的詞，B 是它的上下文詞語，那麼在語言模型中，我們透過 B 經過模型計算去預測 A 模型，訓練的目標就是盡可能讓 A 和 B 放在一起像是一句完整的句子。在這個過程中，模型訓練得到的模型參數，就可以作為「詞語 A」的一種向量表示。換句話說，Word2vec 就是藉助神經網路模型，用句子上下文關係來進行模型訓練，從而得到「詞」的向量表示。

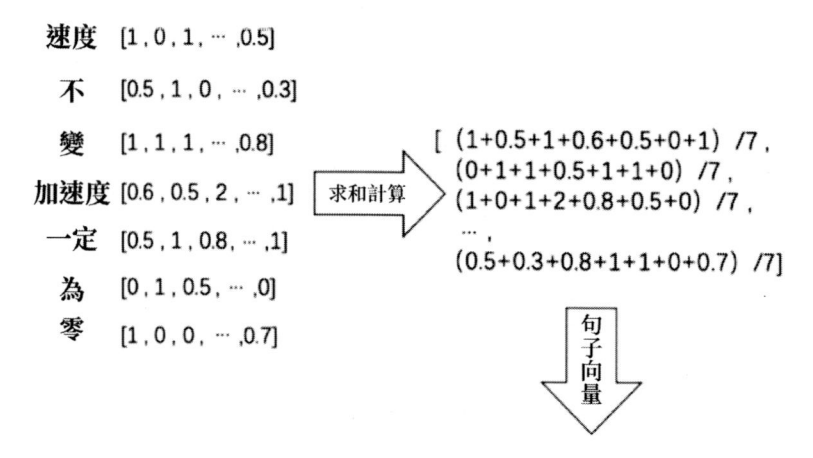

速度　[1, 0, 1, ⋯ , 0.5]
不　　[0.5, 1, 0, ⋯ , 0.3]
變　　[1, 1, 1, ⋯ , 0.8]
加速度 [0.6, 0.5, 2, ⋯ , 1]
一定　[0.5, 1, 0.8, ⋯ , 1]
為　　[0, 1, 0.5, ⋯ , 0]
零　　[1, 0, 0, ⋯ , 0.7]

求和計算 ⇒
[ (1+0.5+1+0.6+0.5+0+1) /7,
(0+1+1+0.5+1+1+0) /7,
(1+0+1+2+0.8+0.5+0) /7,
⋯,
(0.5+0.3+0.8+1+1+0+0.7) /7]

↓ 句子向量

速度不變，加速度一定為零 [0.66, 0.64, 0.76, ⋯ , 0.61]

圖 4-6 透過「詞向量」計算「句向量」

Word2vec 有兩種模型形式：一種是 CBOW（Continuous Bag-Of-Words Modelling，連續詞袋模型）[16]，意思是以詞語上下文資訊作為輸

## 4.3 AI 輔助學習：知識點的鞏固與延伸

入，來預測具體詞語，有點類似於我們熟悉的「填空題」；另一種是 Skip-grams（Skip-grams Model，跳字模型）[17]，它和 CBOW 是相反的，透過詞語作為輸入來預測其上下文。

讓我們舉一個例子來詳細說明。假設我們只有一個句子——「我想學習數學」，那麼經過分詞之後，這句話會分成「我／想／學習／數學」，整個由句子中不同詞構成的詞彙表的大小就是 4，且只有這四個詞。

在輸入到模型中訓練時，不能直接使用文字進行輸入，而是需要在訓練完成前，給不同詞語一個數值型的表示方法，這裡的方法可以是 one-hot encoder[18]，即簡單地用一個只含有一個「1」，剩下全是「0」的向量來表示詞語，向量的長度是所有題目分詞之後統計的不同詞的數量。那麼「我」可以表示為「[1，0，0，0]」，「想」可以表示為「[0，1，0，0]」，「學習」可以表示為「[0，0，1，0]」，「數學」可以表示為「[0，0，0，1]」。

根據 CBOW 的原理，它是透過一個詞周邊的 N 個詞來預測中間的詞，那麼可以假設「N=1」，在我們的句子中舉例，就是透過「(想，數學)」兩個詞來預測中間的「學習」。

如圖 4-7 所示，我們展開講解模型的部分。

## 第 4 章　五大 AI 應用案例分享

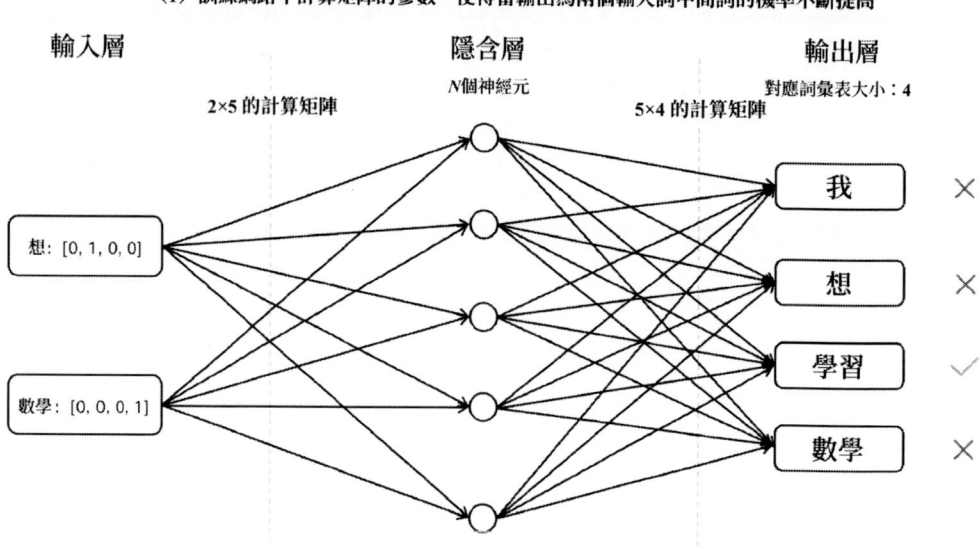

**(1) 訓練網路中計算矩陣的參數，使得當輸出為兩個輸入詞中間詞的機率不斷提高**

輸入層　　　　　　　　隱含層　　　　　　　　輸出層
　　　　　　　　　　　N個神經元　　　　　　對應詞彙表大小：4
　　　2×5 的計算矩陣　　　　　　　5×4 的計算矩陣

想：[0, 1, 0, 0]

數學：[0, 0, 0, 1]

我　×
想　×
學習　✓
數學　×

**(2) 隱含層輸出作為詞的新的詞向量表示**

圖 4-7 連續詞袋模型示意圖

　　因為我們剛才已經假設了 N 為 1，將「想：[0，1，0，0]」和「數學：[0，0，0，1]」作為模型的輸入，因此模型的輸入層只有兩個神經元。模型隱含層神經元的個數，就是我們最終訓練得到「詞向量」表示的維度數，比如我們希望最後透過一個 5 維向量來表示每個詞，那麼模型隱含層的神經元數量就是 5。而整個模型的輸出層神經元的個數，和我們當前的詞彙表的大小一致，每個輸出，表示詞彙表中的某個詞，假設詞彙表的大小為「V」，那麼模型輸出的向量就是一個「1×V」的矩陣。

　　在模型隱含層得到的輸出，是透過輸入向量，經過計算後取平均值得到的一個新的「1×N」的向量，在這之後，再把這個輸出向量和一個「N×V」的矩陣相乘，就得到了一個「1×V」的矩陣，其中「V」就代表詞

彙表中的每個數,這層計算的作用,是把模型隱含層的輸出結果對應到詞彙表中。之後這個「1×V」的向量經過 Softmax[19] 操作,把每個「V」的數值轉化為一個「0～1」的機率,這個機率就代表著透過模型輸入層的輸入,模型預測的輸出結果為某個詞的機率。經過計算後,機率最大的那一列,就對應著模型輸出的詞。在我們的例子中,當輸入為「想」、「數學」時,那對應機率最大的應該是「學習」所對應的列;如果不是,就說明隱含層和隱含層到輸出層計算的矩陣參數不符合要求,這就需要透過「BP 演算法(Backpropagation algorithm,反向傳播演算法)」[20] 來不斷調整這兩個矩陣的參數,直到輸入的兩個詞能夠預測中間的詞,這個過程就是模型訓練的過程。

當我們的模型訓練得到符合我們預期的程度時,每個詞原先的 one-hot encoder 編碼向量(格式為「1×V」的矩陣)和隱含層的矩陣(格式為「N×V」的矩陣)做矩陣乘法計算,最終就得到了一個 N 維的向量,這個向量就是我們最終得到用來表示這個詞的「詞向量」。

對於 Skip-gram 模型,則是透過選中的某個詞來預測它周邊的 N 個詞,比如透過「學習」去預測「想」和「數學」。模型的訓練過程和 CBOW 大致相同,差別就是 CBOW 模型的輸入是多個詞(例子中的設定是 2),因此需要把隱含層計算的結果累加取平均值,但 Skip-gram 是不需要這個過程的。

這兩種模型的實現有很多開源的詞向量工具套件,直接使用這些工具套件即可,在這裡推薦兩個,一個是開源詞向量工具 Word2vec[2],另一個是臉書的詞向量工具 fastText[21]。當你使用這些工具套件時,只需要準備好數據,並在實施的時候調整模型的參數即可。

得到詞向量表示後，就可以用 4.1 節中提到的方法來計算每一個句子（題目）的向量，之後透過相似詞計算，就可以度量不同題目的相似性了。相似度高的題目，既可以進行相同知識點的標注，又可以給學生相似題目的推薦。

## 4.4　AI 創作藝術：生成梵谷風格圖片

熟悉攝影的朋友肯定都接觸過濾鏡，透過為圖片新增濾鏡，來讓照片呈現出不同的顏色和樣式，也可以突出照片中的人物或風景。人工智慧也可以對圖片進行風格樣式化處理，讓其更具「藝術感」，比如之前爆紅的圖像處理應用 Prisma 使用「圖片風格遷移」技術，讓照片的內容和藝術作品的風格進行融合，把照片處理成類似藝術作品的樣子。

本節將介紹如何透過人工智慧，為你的圖片新增梵谷式藝術畫作的樣式效果。

**第一步，定點：確定場景中的應用點**

「圖像風格遷移」是指改變圖像風格，使它和另外的圖像風格盡可能相似，同時保留它原有的內容，從而讓圖像看起來就像藝術創作的作品一樣。換句話說，就是指定一個內容圖像 A，再指定一個風格圖像 B，將二者融合在一起，創作出一個新的圖像 C。

「圖像風格遷移」有很多種實現的方法，其中兩種較常見：

**1)方法一：基於圖像迭代的方法**。這個方法需要製作一幅隨機生成的初始圖像，然後定義它分別和「風格圖像」及「內容圖像」的偏差，透過不斷反向傳播、迭代更新這個初始圖像的畫素值，最終得到藝術圖像。這種方法可控性好，同時也無須訓練模型，但每次都需要初始圖片重新訓練，因此耗時較長。

2）**方法二：基於模型迭代的方法**。針對特定的「風格圖像」提前訓練一個神經網路模型，透過訓練來更新模型的參數，最終得到一個能夠為輸入的「內容圖像」新增藝術風格的網路模型。這種方法計算速度快，同時也是目前工業應用軟體主流使用的方法，但犧牲了模型一定的靈活性。

在本節中介紹的實現方法，是「圖像風格遷移」的方法一。圖像是由若干個畫素點構成，畫素點由「R」（紅色）、「G」（綠色）、「B」（藍色）三個通道構成，畫素和畫素之間的連線，構成了我們看到的紋理、樣式等資訊，「藝術圖像」的生成過程，是調整生成圖像的畫素取值，讓生成的圖像C的風格和圖像B更相似，圖像C的內容表達盡可能和圖像A保持一致。人工智慧在場景中的應用點，就是透過模型的抽象來表徵圖像的內容、風格，之後分別計算對應特徵和原先圖像A和B的差異。透過對初始圖像畫素值的不斷調整，使模型提取的內容特徵和內容圖像A的差異越來越小，同時風格特徵和風格圖像B的差異越來越小。經過多次迭代後，就可以得到我們所需要的「藝術圖片」。

**第二步，互動：確定互動方式和使用流程**

互動的流程很簡單，只需使用者指定「內容圖像A」和「風格圖像B」，以及「權重參數」即可。「權重參數」是用來對生成圖像相較於A和B在「內容」和「風格」差異上的權衡，用來融合兩邊差異的計算權重。當風格對應的權重更高時，我們生成的「藝術圖片」就會更加「藝術」，更抽象；當內容對應的權重更高時，生成的「藝術圖片」就會更加偏向於原始圖像A，更加貼近原始內容。

## 第三步，數據：數據的蒐集及處理

在這個場景中，需要準備「預訓練模型」材料、內容圖像 A、風格圖像 B，以及一個由隨機雜訊生成的初始圖像 C。其中「預訓練模型」可以選擇已經訓練好開源的卷積神經網路模型，比如圖片分類中的 ImageNet 數據集預訓練的模型。在這裡，我們選擇牛津大學電腦視覺組（Visual Geometry Group，VGG）和 DeepMind 公司的研究人員一起研發的、新的深度卷積神經網路 VGGNet[22] 模型。

## 第四步，演算法：選擇演算法及模型訓練

在整個演算法部分（見圖 4-8），我們只需要解決以下兩個問題。

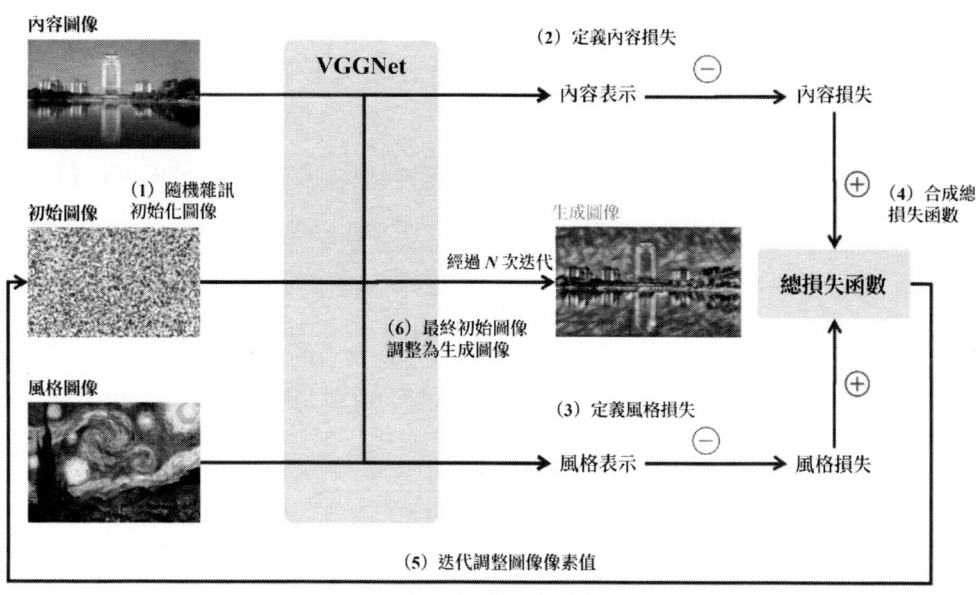

圖 4-8 圖像風格遷移

- 問題一：如何表示圖像的「內容」和「風格」；
- 問題二：如何度量圖像和其他圖像在「內容」和「風格」上的偏差。

### 第 4 章　五大 AI 應用案例分享

(1) 生成隨機圖像

隨機生成一幅雜訊圖像，初始圖像可以使用「高斯分布」（常態分布）初始化一幅白噪音（白雜訊）圖像，這個隨機生成的圖像，就是我們透過不斷調整它的畫素值，最終得到風格化後的圖像。

(2) 特徵提取

「特徵提取」的目的主要是為了定義圖像的「內容」表示和「風格」表示，以便於度量待生成的圖像和我們指定的「內容圖像」和「風格圖像」的差異。

卷積神經網路模型可以層次化地從圖像畫素上對圖像的特徵進行抽取，來表示圖像各「視覺層次」的特徵。生物學家證明了人腦在處理眼看物體的時候，具有不同的「視覺層次」。當你近距離看一個物體時，抽象層次較低，這時我們能夠看到物體清楚的紋理特徵；當你遠距離觀察該物體時，看到的則是其大致輪廓，由近及遠，從「紋理」到「輪廓」，就是我們所說的「視覺層次」。卷積神經網路所實現的，就是這種類似人眼對輸入圖像進行分層的機制，靠近神經網路輸入層所提取的特徵是「點」、「線」、「色塊」這種淺層特徵，類似我們近距離觀察圖像時所看到的；靠近輸出層所提取的特徵是「邊緣」、「輪廓」這種深層特徵，類似我們遠距離看圖像時所看到的。

因此我們可以使用卷積神經網路中間層的特徵圖來表示圖像不同層次的特徵，用 VGGNet 模型中間層和輸出層之間的特徵來表示圖像的「內容」資訊，透過這種類似物體輪廓、位置的表達，來對「內容」進行抽象。當特徵圖對應輸出的網路層選擇太靠前時，最終生成的圖像內容表達就會更加「細膩」，從而無法表達圖像的內容；選擇靠後時，特徵圖會

4.4 AI 創作藝術：生成梵谷風格圖片

從宏觀上更像內容圖像，從而達到更好的效果。

而圖像的「風格」，其實就是圖像基本形狀與色彩的組合方式。比如當我們近距離觀察〈向日葵〉（*Fourth Version*），會發現物體的邊緣經常是黑色的，而相對圓潤的部分，則是透過金黃色表示，這種筆觸和顏色的組合，就類似我們所理解的圖像風格。當卷積神經網路完成訓練後，在視覺化淺層特徵圖時，就可以發現每個特徵圖所表達的具體風格細節，因此在圖像風格遷移時，透過淺層的特徵來表示特徵，就可以從內容圖像中去尋找對應的圖像細節，並對圖像細節的色彩進行調整，以達到我們上面提到的這種匹配關係，因此就會使生成圖像的風格和風格圖像相似。

總結來說，當我們使用 VGG-19 模型時，可以用較深層的特徵圖，比如用 Relu3_3 分別提取「內容圖像」和「生成圖像」的內容表示，使用較淺層的特徵圖，比如用 Relu1_2、Relu2_2 等分別提取「風格圖像」和「生成圖像」的風格表示。關於 VGG-19[22] 的模型詳細介紹，可參考相關的論文內容。

（3）定義損失函數

當我們分別提取了生成圖像和指定圖像的「內容」和「風格」表示之後，「損失函數」主要用於評估圖像提取特徵之間的相似性，表示「生成圖像」分別和「內容圖像」及「風格圖像」的差異。度量「風格」特徵圖之間的相關性，需要藉助「Gram 矩陣」[23]，它就是對卷積神經網路卷積層輸出的特徵圖，透過轉置並相乘得到的矩陣，是一種數學中的矩陣運算，比如生成圖片的「風格」和風格圖片的差異，其實就是不同特徵圖兩兩之間的相關性。之後透過以兩個圖像的「Gram 矩陣」差異最小化為目

標，不斷調整生成圖像，即可使其「風格」不斷接近「風格圖像」。

選出來的卷積層輸出的特徵圖，透過這樣的方法，就可以分別度量生成圖像在「風格」、「內容」兩個屬性和初始選擇圖像的差異，這種「差異」就是「損失」。按照我們上文所述，所生成的藝術圖像，需要在內容上盡可能和我們定義好的內容圖像接近，風格上盡可能接近風格圖像，因此需要用對應輸出層定義的「內容損失函數」和「風格損失函數」加權後作為總共的損失函數。

(4)迭代訓練

如圖 4-8 所示，透過正向的計算，得到圖像在「內容」和「風格」上的差異，再將「損失函數」計算的結果透過「反向傳播」的方式，不斷調整初始圖像的像素。這種「圖像風格遷移」的方法，不需要訓練網路結構內的任何權重參數，只調整生成圖像的元素即可。當訓練完成時，我們最開始隨機生成的初始圖像，就會變成我們想要的「藝術圖片」。

## 4.5　電商素材最佳化：AI 大模型的實際應用

　　4.1 節的案例是一個傳統語言模型應用的例子，本節將為你介紹當下火熱發展的大模型的應用實際案例，透過生成電商素材，手把手教你如何使用大語言模型，為你講解「Prompt 提示工程」應該怎麼做。無論是使用大模型的對話服務，還是透過 APP 生成藝術圖片，都需要人工輸入提示詞給人工智慧，也有專家認為「未來提示詞就是生產力」。

　　Prompt（提示詞）就是提供給人工智慧模型的輸入文字，用於指導模型輸出合適的回答。以往人工智慧只能完成單一的具體任務，如資訊抽取、詞性標注、情感分類等，現在大模型是多工的，是個「通用」人工智慧模型，它需要我們來告訴它需要完成什麼樣的任務，輸出什麼樣的答案。這樣當我們面對不同場景下的任務時，可以使用同一個模型服務，讓人工智慧的門檻變得更低，大家不再需要學會標注數據、訓練模型來完成自己的任務，只需要學會「指導」人工智慧輸出答案。大模型是一種語言模型（又叫「自然語言模型」，LLM），這就是說，如果我們把語言視為一個一個詞（技術領域稱為 Token）的序列，那麼語言模型的工作任務，就是根據已經給出的「詞序列」預測之後的詞，並把輸出的詞拼接到提示的「詞序列」中，再繼續預測。

**第一步，定點：確定場景中的應用點**

　　在我們的案例中，要使用 Prompt 提示，來讓大語言模型服務幫助我們最佳化 —— 生成商品的標題、商品描述等文案資訊，這是整個電商素材最佳化步驟中的一部分。

## 第 4 章　五大 AI 應用案例分享

**第二步，互動：確定互動方式和使用流程**

這裡的使用方式有兩種，第一種是使用大模型提供的聊天服務，透過「對話」形式來輸入提示詞，之後得到聊天機器人的輸出結果；第二種是因為很多大模型服務提供對外呼叫的 API，可以透過 API 呼叫的形式，來完成提示輸入，並得到回傳的結果。

**第三步，數據：數據的蒐集及處理**

由於使用成熟的大模型服務，此處我們不涉及標注數據和訓練模型的過程，數據蒐集就是在 Prompt 提示詞中為人工智慧輸入的指令資訊，由於我們需要對商品的標題和描述文案進行最佳化／生成，那麼相關商品的基本資訊越多，越能夠指導大模型產生更好的輸出效果。這裡需要的商品基本資訊，包括商品名稱、商品描述（若有）、生產商、關鍵字、款式、使用場景等。

**第四步，演算法：選擇演算法及模型訓練**

這裡我展開講解如何做「Prompt 提示工程」。由於市面上關於提示工程有不少文章和課程，下面我直接介紹我平常使用 LLM 時總結的公式。

Prompt 提示公式：

[ 角色 ][ 任務 ]：[ 說明 ][ 輸入數據 ]，[ 輸出格式 ]

比如在我們的案例中，一個完整的提示詞如下：

你是一個電子商務行銷專家 [ 角色 ]，請你幫助我生成一個商品的描述介紹 [ 任務 ]。

需要在商品介紹中突出商品的功能和使用場景 [ 說明 ]。這個商品的名稱是「莜麥麵粉」，是一種粗糧，產地是內蒙古自治區，品牌名稱是「XXX」，也被稱為「燕麥粉」，是一種含有多種礦物質的粗糧麵粉，易於

吸收。採用石磨工藝去殼碾磨而成，粉質細膩，原味原香［輸入數據］。

請幫助生成三組描述介紹，每組內容在 300 字以內，並回傳清單類型的數據格式，清單內每個元素是生成的不同描述介紹［輸出格式］。

公式中的不同部分在上面提示詞得標注出來，下面對每個部分的注意事項分別進行說明：

1) **角色：選填**。在進行提示的時候，最好能夠告訴人工智慧需要它扮演什麼角色、是什麼身分，這樣可以讓它在生成答案的時候，更明確自己的場景。

2) **任務：必填**。透過描述性語言，準確告訴人工智慧希望它執行的指令，注意不要使用疑問句等非描述性語言。

3) **說明：選填**。提供任務相關的上下文背景資訊或種子詞（及關鍵字），來為人工智慧提供完成任務的語境。這有助於更詳細地描述任務所處的場景，有助於引導它更能回應你的訴求。提供的任務說明要公正，不要帶有歧視或偏見。

4) **輸入數據：必填**。告知模型需要處理的數據有哪些，或提供完成任務所需要的數據資訊。這裡可以參照人完成一件事所需要的資訊來準備，但請注意，你輸入的數據不能洩漏隱私。

5) **輸出格式：選填**。對人工智慧回傳的結果作格式和內容上的限定要求。如果沒有對輸出進行要求，那麼人工智慧就會完全以聊天對話的方式對生成的內容進行回答，這裡可以限定輸出長度的要求、輸出個數、輸出格式、輸出風格和語氣，也可以要求人工智慧是否提供輸出解釋。

## 第 4 章　五大 AI 應用案例分享

請注意以上各個部分的說明，其中「任務」和「輸入數據」是必填項，其他部分都是選填項，比如最簡單的提示詞如下：

請將如下的中文翻譯成英文：［任務］

今天的天氣很好，我想出門打籃球。［輸入數據］

「Prompt 提示工程」除了上述關鍵內容外，還需要掌握如下七個原則：

(1) 原則一：簡單清晰的陳述

輸入的提示詞應是清晰描述任務的最短語句，並且是以陳述句的形式來表達，當任務較複雜時，為了將問題清楚描述，可以增加補充說明，或透過「分隔符」將不同輸入部分的內容清楚區分。如使用「[]」、「{}」、「()」、「<>」等分隔符，杜絕歧義，這有助於人工智慧理解我們的指令。就像寫文章一樣，需要使用段落和章節來區分不同部分的內容。

比如上面的例子，我們將使用分隔符區分不同的輸入數據：

你是一個電子商務行銷專家，請你幫助我生成一個商品的描述介紹。

需要在商品介紹中突出商品的功能和使用場景。如下是提供給你的商品資訊：

〈商品資訊〉

商品名稱：莜麥麵粉；

類型：粗糧；

產地：內蒙古自治區；

品牌：xxx；

製作工藝：採用石磨工藝去殼碾磨而成；

## 4.5 電商素材最佳化：AI 大模型的實際應用

特點：粉質細膩，原味原香，含有多種礦物質的粗糧麵粉，易於吸收。

</ 商品資訊 >

請生成三組描述介紹，每組內容在 300 字以內，並回傳清單類型的數據格式，清單內每個元素是生成的不同描述介紹。

(2) 原則二：拆分任務

我們解答一個問題時，會先從拆解問題開始，再一步步解決它。大模型不擅長解答複雜的推理問題，它的能力就是「根據上文內容逐步生成下文」。那麼要讓它解決一個複雜的推理問題，就需要透過對話逐步引導它。我們應對複雜任務進行拆分，把它拆解為多個簡單的步驟，透過分步驟引導提示，讓大模型深入了解我們的需求，這樣可以顯著提升人工智慧回答的表現和品質。比如在「判斷學生做題目的解答是否正確」任務中，提示時可以將這個任務拆分為先「給出人工智慧對該問題的解答」，再比較「人工智慧給出的答案和學生提供的答案是否一致」。

(3) 原則三：限制人工智慧輸出的長度

在使用大模型服務時，我們會發現它根據提示詞來「續寫」的內容很發散，輸出內容的長度不穩定，經常「囉唆」。保險起見，我們最好事先評估輸出內容要求的長度，然後在「輸出格式」中對其回答給出長度限制。

(4) 原則四：目標明確

你的任務描述除了「簡單清晰」之外，還應該足夠明確和聚焦，尤其是在讓人工智慧幫助我們分析內容的場景中。如果你是一個要從事電子商務的非跨境商家，你需要了解近期電子商務的發展，當輸入「請幫我

## 第 4 章　五大 AI 應用案例分享

分析一下電商行業過去的發展規律」時，人工智慧會總結過去所有時間電商行業的發展，給出的回答也是廣泛的；但如果輸入「幫助我分析一下過去三年電商行業在國內的發展規律」，即確定分析的時間範圍和地理範圍後，人工智慧會給出更有用的回答。

可以從「處理／分析對象」、「時間範圍」、「地理範圍」、「要求」這幾個方面使目標明確，另外需要注意盡量使用通用名詞，減少日常口頭上的省略語、指代詞語的使用。

(5) 原則五：利用類比和範例

在 Prompt 中使用類比和範例，能夠幫助人工智慧更容易理解你的需求，並按照給出的範例來生成更準確、更符合要求的答案。例如，你希望人工智慧「設計一個社群 APP」，如果在輸入提示中給出一個已有的範例，那麼它的回答會更有導向性，比如你可以提示它：

你是一個產品設計師，請幫助我設計一個類似「LINE」的熟人社群 APP，具有如下模組：發送文字／語音訊息、語音／影片通話、聯絡人、朋友圈、註冊／登入等功能，請對每個模組給出功能描述。

(6) 原則六：要求模型自檢查

如果你提供的上下文資訊不足，人工智慧無法按照指定的輸出要求生成回答，那麼你可以在提示詞中，要求人工智慧檢查生成的內容是否符合要求或假設。如果無法滿足要求，可以請它停止執行或詢問我們提供額外的輸入數據，同樣也可以透過提示，告知人工智慧對潛在的邊緣情況模型應該如何處理。比如要求人工智慧從一篇文章中總結一些關鍵內容，如時間、地點、人物等，如果文章內容缺少某部分要求人工智慧輸出的結果，則可以在提示詞中增加「如果其中某項資訊缺失，則可以直接給出 { 未提供該資訊 }」。

(7) 原則七：實驗比追求完美的提示更重要

沒有完美的提示詞範本，也不可能嘗試一次就得到完美的提示詞，我們應當多嘗試，不斷迭代最佳化自己的提示詞。在面對開放性、創作型的任務時，大模型存在輸出不穩定的問題，當我們多次詢問人工智慧同一個非事實性的問題時，它的回答會有所不同。當前大模型產品形態是對話聊天機器人，那麼透過多輪對話的嘗試，可以逐漸測試出最適合場景的提示。

回到電商素材案例，關於商品描述，是一個生成內容類型的例子，大模型還可以對提出的內容進行最佳化。以下讓我們看一個最佳化「標題」的任務，這裡只需要對提示詞的「任務」和提示詞文案進行修改即可，完整的提示詞如下：

你是一個電子商務行銷專家，請你幫助我最佳化「莜麥麵粉」的商品標題。原標題是：內蒙古粗糧莜麥麵粉。以下內容作為輔助的商品資訊，提供給你：

它的產地是內蒙古自治區，品牌名稱是「×××」，也被稱為「燕麥粉」，是一種含有多種礦物質的粗糧麵粉，易於吸收。採用石磨工藝去殼碾磨而成，粉質細膩，原味原香。

請生成三組標題，每組標題長度在 30 字以內。

大模型回傳的結果如圖 4-9 所示，這裡我們讓它回傳多個結果，其中「【×××】」為品牌名稱，避免產生爭議，故隱藏了品牌名稱。

可以發現，無論是對於創作、續寫這類的「內容生成」任務，還是編輯、修改那類的「內容最佳化」任務，結合大模型的人工智慧都能夠解決任務，如果擔心人工智慧「亂寫」內容，也可試試在提示詞中增加文案：「請分別解釋這樣寫每個標題的理由和它的優點」。

## 第 4 章　五大 AI 應用案例分享

> 你是一個電子商務行銷專家，請你幫助我最佳化「莜麥麵粉」的商品標題。
> 原標題是：內蒙古粗糧莜麥麵粉。
> 以下內容作為輔助的商品資訊，提供給你：
> 它的產地是內蒙古自治區，品牌名稱是「×××」，也被稱為「燕麥粉」，是一種含有多種礦物質的粗糧麵粉，易於吸收。採用石磨工藝去殼碾磨而成，粉質細膩，原味原香。
> 請生成三組標題，每組標題長度在30字以內。
>
> 以下是三組最佳化後的商品標題：
>
> 1.「【×××】內蒙古燕麥粉，石磨細膩，多礦物質，原味原香」
> 2.「【×××】內蒙古燕麥粉，細膩易吸收，多礦物質，原味原香」
> 3.「【×××】內蒙古燕麥粉，石磨工藝，細膩易吸收，原味原香」
>
> 這些標題強調了以下關鍵賣點：
>
> ・產地：內蒙古自治區
> ・品牌：×××
> ・特點：石磨工藝、細膩、易吸收、多礦物質、原味原香
>
> 請根據你的需求選擇其中一個標題或結合其中的元素進行修改。記得在編輯時，保持標題簡潔明瞭，同時突出產品的獨特特點。

圖 4-9 商品標題最佳化大模型舉例

如果我們希望能夠把人工智慧融入素材最佳化的工作流中，透過 API 來獲取回傳結果，替換線上商品的標題或商品描述，這時就可以在「輸出格式」中明確指出希望人工智慧輸出內容的格式，讓 API 呼叫之後的結果，能夠結合到我們的系統中。比如可以指定要人工智慧回傳清單（List）或 JavaScript 對象簡譜（JSON）格式，這讓人工智慧模型的輸出更容易被解析，下面是提示詞的示例：

你是一個電子商務行銷專家，請你幫助我最佳化「莜麥麵粉」的商品標題。原標題是：內蒙古粗糧莜麥麵粉。以下內容作為輔助的商品資訊，提供給你：

## 4.5 電商素材最佳化：AI 大模型的實際應用

它的產地是內蒙古自治區，品牌名稱是「×××」，也被稱為「燕麥粉」，是一種含有多種礦物質的粗糧麵粉，易於吸收。採用石磨工藝去殼碾磨而成，粉質細膩，原味原香。

請生成三組標題，每組標題長度在 30 字以內。回傳 LIST 類型的結果，其中 LIST 中的每個元素都是 DICTIONARY 類型。每個 DICTIONARY 的元素以「title」為鍵，生成的標題為值。

人工智慧生成的結果如圖 4-10 所示。

---

你是一個電子商務行銷專家，請你幫助我最佳化「莜麥麵粉」的商品標題。
原標題是：內蒙古粗糧莜麥麵粉。
以下內容作為輔助的商品資訊，提供給你：
它的產地是內蒙古自治區，品牌名稱是「×××」，也被稱為「燕麥粉」，是一種含有多種礦物質的粗糧麵粉，易於吸收。採用石磨工藝去殼碾磨而成，粉質細膩，原味原香。
請生成三組標題，每組標題長度在30字以內。回傳LIST類型的結果，其中LIST中的每個元素都是DICTIONARY類型。每個DICTIONARY的元素以「title」為鍵，生成的標題為值。

---

以下是三組最佳化後的商品標題，按照你要求回傳為列表（LIST）類型的結果，其中每個元素都是字典（DICTIONARY）類型，包含一個鍵為「title」的項，其值為生成的標題。

```python
[
 {"title": "【×××】內蒙古燕麥粉，石磨細膩，多礦物質，易吸收"},
 {"title": "【×××】內蒙古燕麥粉，原香原味，石磨工藝，細膩易吸收"},
 {"title": "【×××】燕麥粉，內蒙古產地，多礦物質，石磨細膩原味"}
]
```

這些標題突出了以下賣點：

- 產地：內蒙古自治區
- 品牌：×××
- 特點：石磨工藝、細膩、易吸收、多礦物質、原味原香

你可以從中選擇一個標題或根據需求進行修改。請記得在編輯標題時，保持簡潔明瞭，並突出產品的獨特特點。

圖 4-10 大模型標題最佳化輸出格式範例

## 第 4 章　五大 AI 應用案例分享

　　這其中人工智慧能夠按照我的要求輸出內容，同時也給出了一些解釋資訊，如果想直接獲取格式化數據，那麼試試在提示詞最後新增一句「僅提供要求的回傳數據和格式即可，不要提供其他解釋資訊」。

　　如果你想把生成／最佳化電商素材這個過程產品化，直接向商家提供聊天對話框，並讓商家手動輸入提示的方式並不友好，因為編寫提示詞有上手和學習成本，最好能夠自動讀取商家商品的數據，同時完成提示詞拼接、大模型服務執行、內容呈現和替換等環節的自動化工作，這樣商家所需要的操作就是點擊「一鍵最佳化」按鈕，就可以自動完成素材最佳化／生成的任務。

　　如果更進一步，釋放我們在這個場景的想像力，那麼整個流程能否完全做到「自動化」，完全「無人化」？答案是可以的。從商家需求的視角來看，商家對商品素材進行最佳化是一個「動作」，不是具體的「目標」，商家的目標是：提高使用者的點閱率和購買轉化率。那麼這裡的「點閱率」、「購買轉化率」就可以作為人工智慧應用在這個場景中的「價值標的」。

　　如 1.1.4 小節所述，商品素材最佳化工作流程可以拆分為「素材製作」、「投放計畫方案設計」、「素材實驗」、「效果分析」、「素材上線」五步驟，其中「素材製作」可以透過大語言模型，由人工或用商品關鍵字提示，來對現有的圖片、標題內容做最佳化；之後自動將線上素材替換，並從網站流量中自動切分小部分流量來實際測試素材上線後的效果；在實驗結束後，根據點閱率、轉化率等數據，自動上線表現最好的素材，再結合當前最好素材的提示內容和當前商品類別下的搜尋熱門詞，再次自動最佳化／生成新的素材，並重複該過程。讓我們看一下由人工智慧替代人工後的工作流程前後對比，如圖 4-11 所示。

4.5 電商素材最佳化：AI 大模型的實際應用

圖 4-11 中的人力和時間是按照一個「50 人左右規模」的電商團隊進行評估的，可能會存在一些誤差，從中我們也能發現，在這個場景中應用人工智慧全自動化工作流程的價值：降低了人力和時間的投入，減少了人員之間合作、等待的時間。大模型讓更多的工作流程可以像這個場景一樣，變成一個完全「無人化」、持續迭代最佳化的流程，但需要找到合理的「價值標的」，就像這個案例中的「點閱率」和「購買轉化率」。這個例子也提供了一個能夠試用的產品，可以訪問 ShopGPT[24] 來體驗。

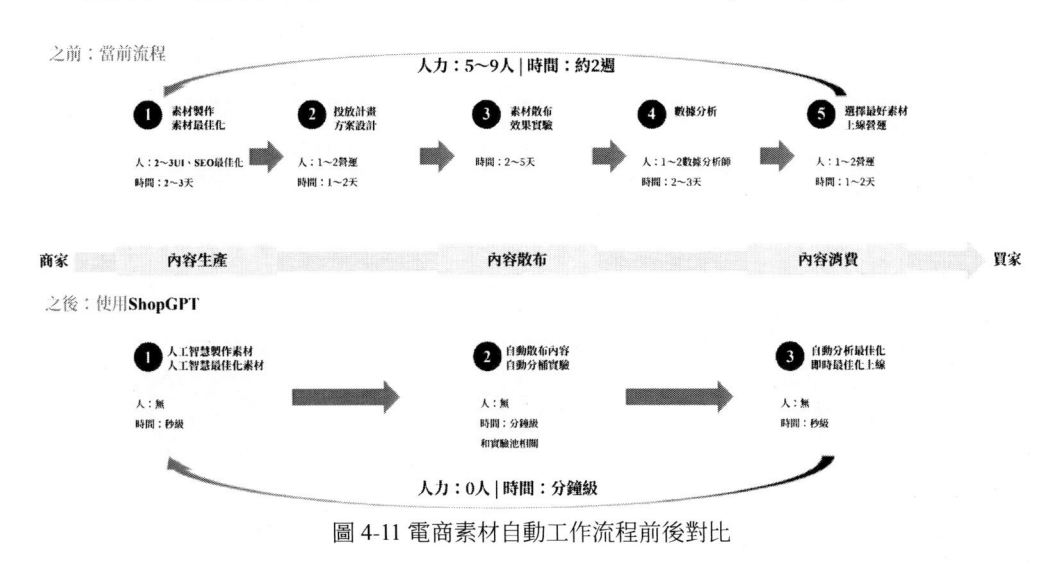

圖 4-11 電商素材自動工作流程前後對比

249

第 4 章　五大 AI 應用案例分享

## 本章結語

　　本章透過五個簡單的案例，介紹了人工智慧應用的思考和過程，透過這些案例，希望你能夠「舉一反三」，從身邊的場景入手，思考哪些是可以應用人工智慧的。這些案例介紹沒有對具體的數學計算公式、模型架構進行講解，而是從演算法假設和思路展開，在具體應用人工智慧時，可以使用開源的工具套件或閱讀原始的論文。

　　除了關注數據、演算法外，人工智慧應用更需要明確場景，即「誰」為什麼使用產品，按照怎樣的使用流程，流程中有哪些步驟和細節。人工智慧應用除了模型演算法應用外，還需要和系統中的流程處理、判斷規則放在一起執行，才能將整個場景串聯，以達到降低成本、提高效能的目的。因此，演算法只能讓特定步驟的輸入、輸出變得更加智慧，需要和工程上的處理相結合才能完整。

　　在我們思考用技術的方法解決問題時，往往解決問題的路徑不是唯一的，不同方法之間的差別，只有實施成本和最終效果，有時候我們需要在技術深度和領域知識的前提下，根據場景流程做權衡，選擇一個最合適的應用方案。當你的數據品質不夠好，團隊沒有演算法專家時，可以找一個場景內足夠簡單明確的環節，透過開源或公開的演算法 API，先解決場景的問題，並以解決方案為「基準」，之後再透過逐步投入資源不斷最佳化。人工智慧應用的原則是不追求演算法和實現方案的完美，而是在權衡投入／產出比之後，透過基準方案先串聯整個流程，之後透過提高數據的品質、演算法的效能來不斷最佳化。

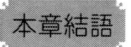

## 參考文獻

[1] FRIEDL J. Mastering regular expressions [M].3rd ed.Sebastapol, CA：O'Reilly Media，2006.

[2] SKELACi，JANDRIC A. Meaning as use：from wittgenstein to Google's Word2vec[M]//SKANSI S.Guideto deeplearning basics.Cham：Springer，2020.

[3] CAVNAR W B，TRENKLEJ M．N-gram-based text categorization[EB/OL].[2023-06-22]. https：//www.researchgate.net/publication/2375544_N-Gram-Based_Text_Categorization.

[4] VAPNIKV.The nature of statistical learning theory [M].Cham：Springer，1995.

[5] BREIMAN L. RandomForests[J]. Machinelearning，2001，45（1）：5-32.

[6] ZAREMBAW，SUTSKEVERi，VINYALS O. Recurrent neural network regularization[J].Arxiv，2014.

[7] KETKAR N，MOOLAYIL J. Convolutional neural networks[M]//KETKAR N，MOOLAYIL J. Deeplearning with Python. Berkeley, CA：Apress，2021.

[8] ERHAN D，COURVILLEAC，BENGIO Y，et al. Why does unsupervised pre-training help deeplearning?[J].PMLR，2010，9：201-208.

[9] DENG J，DONG W，SOCHER R，et al.imageNet：A large-scalehierarchical image database[C]. Miami：IEEE.2009.

[10] HEK，ZHANG X，REN S，et al.Deepresidual learningForimagerecognition[J].2016iEEEconferenceon computer vision and pattern recognition，2016：770-778.

[11] RUDER S. An overview of Gradient descent optimization algorithms[J]. Arxiv，2016.

[12] LOBUR M，ROMANYUKA，ROMANYSHYN M．Using NLTKFor educational and scien- tific purposes[C]//international conferencetheexperienceof designing and applications of CAD Systemsin microelectronics（CADSM2011）．Miami：IEEE，2011.

[13] MANNING C D，SURDEANUM，BAUER J，et al. The Stanford CoreNLPnatural language processing toolkit[C]// Proceedings of 52nd annual meeting of the association For computational linguistics：system demonstrations. Rockville：ACL Anthology，2014.

[14] EKBAL A，HAQUER，BANDYOPADHYAY S. Named entity recognitionin Bengali：Acon-ditional random field approach[EB/OL].[2023-06-22].https：//aclanthology.org/I08-2077.pdf.

[15] ENTROPY P. Principleof maximum entropy[J]. Least biased，1957.

[16] KENTER T，BORISOV A，RIJKEM D．SiameseCBOW：optimizing word embeddings For sentence representations[J]. Arxiv，2016.

[17] GUTHRIED，ALLISONB，LIUW，etal.A closer look at skip-gram-modelling[EB/OL]. [2023-06-22].https：//www.cs.brandeis.edu/～marc/misc/proceedings/lrec-2006/pdf/357_pdf.pdf.

[18] QIAO Y，YANG X，WUE. The research of BP neural network based

on one-hot encoding and principle component analysisin determining the therapeutic effect of diabetes mellitus[J].iOPconferenceseries：earth and environmental science，2019，267（4）.

[19] LIUW，WEN Y，YUZ，et al. Large-margin softmax loss For convolutional neural networks[J].JMLR.org，2016.

[20] RUMELHART DE，HINTONG E，WILLIAMS R J. Learning representations by bacKpropa-Gatingerrors[J].Nature，1986，323（6088）：533-536.

[21] JOULIN A，GRAVEE，BOJANOWSKI P，et al. Bag of tricksFor efficient text classification[J].Arxiv，2017.

[22] SIMONYAN K，ZISSERMAN A. Very deepconvolutional networks For large-scaleimagerecognition[J]. Computer science，2014.

[23] SUN Y，LUO S，LEI X.Gram matrices of mixed-stateensembles[J]. international journal of theoretical physics，2021，60：3211-3224.

[24] shopGPT.https：//apps.shopify.com/shopcopilot.

# 第 4 章　五大 AI 應用案例分享

# 第 5 章
# AI 應用的挑戰與未來展望

　　在介紹完人工智慧應用場景和案例後，本章要展開介紹人工智慧應用的局限和阻礙因素，讓你更全面地看清楚在應用過程中存在的問題，並幫助你發現需要注意的問題點。本章最後還介紹了人工智慧應用的方向，如果你希望在人工智慧發展的浪潮中找到自己的一席之地，那麼你也許可以從這些方向中找到適合自己的切入點。

第 5 章　AI 應用的挑戰與未來展望

# 5.1　AI 的數據依賴與風險

過去幾十年「資訊化」、「數位化」的高速發展，把人、物、環境的各種資訊轉化成數位訊號或數位編碼，使整個社會獲取知識和傳遞知識的能力大大提升了。人工智慧需要這些知識來「餵養」，人工智慧率先應用的行業，也都是數位化程度較高的行業，如網路、電信和金融等。

讓我們來感受一下數據的作用：

特斯拉（Tesla）從世界各地配備 Autopilot 的車輛中蒐集了超過 13 億英里（約 20.9 億公里，1 英里 =1.609344 公里）的數據，包含在各種路況和天氣狀況行駛的數據，這些數據會用於自動駕駛的演算法訓練；打敗李世乭的 AlphaGo 用 3,000 萬盤比賽作為訓練數據，才有了「人機大戰」的勝利。對於人臉辨識演算法，圖片數據量至少應為百萬級別，才能得到較好的應用效果。

那麼是不是數據越具體越好？其實並不是。常見的誤解是大量數據是人工智慧應用的先決條件，這是一個很大的錯誤。

**面對不同的任務，對數據的需求量是不一樣的，對於不同場景下數據量的需求，目前沒有明確的評估方法。**

### 1. 為何數據量需求難以評估

因為人工智慧應用涉及的因素很多，主要的兩點是：**應用場景的問題和採用的人工智慧演算法的「複雜程度」**。

我們訓練人工智慧模型的目的是建構一個能夠理解數據特徵之間的關聯和潛藏在數據中的規律的模型。因此很重要的一點是，在蒐集數據

時，數據量要夠算出數據和結果之間的關係。除此之外，每個場景都有其獨特的要求，比如很多安全性要求較高的場景對準確率的需求，再比如有些場景對計算速度的需求。每個場景也都有特定的限制因素，比如數據特徵的屬性數量是否足夠，或者數據重複度是否過高等。因為這些因素混雜在一起，使得在訓練人工智慧模型之前去評估數據的需求量，成為很困難的事情，但我們可以透過一些屬性來判斷。影響數據量評估的因素，可以總結為以下四點。

(1)場景容錯程度

人工智慧應用具體場景的容錯程度會影響對數據量的需求。一個普遍且正確的觀點是：數據量越多，能夠覆蓋的場景越多，演算法實施時的準確率越會隨之提升，這主要是因為，人工智慧模型是透過訓練，從數據中總結規律，數據中如果不包含特殊情況，或包含特殊情況的比例較低，會造成人工智慧模型「沒見過」這些場景，因此也無法給出正確的預測結果。對於一些容錯度要求沒那麼高的場景，對數據量要求相應減少，比如對於天氣情況進行預測，1%的錯誤預測，並不會對使用者產生非常大的影響，但與之相對應的，在醫療、自動駕駛這些性命攸關的領域，0.1%的錯誤都會造成重大的損失。

(2)數據的特徵屬性

當數據的特徵屬性很多的時候，更複雜的演算法模型也對應著更多的參數，每個增加的參數，都會增加訓練所需的數據量。比如瀏覽網頁時的個性化推薦系統，對應特徵的屬性就是網頁的標籤、關鍵字和使用者瀏覽路徑構成的喜好資訊，相較於預測某支股票的股價變化，需要的數據更少，因為後者不但有企業經營的歷史數據，還要考量經濟、社會等因素。

### 第 5 章　AI 應用的挑戰與未來展望

(3)應用場景的複雜性

有的場景很簡單，沒有很多特殊情況。特殊情況越多，越需要更多的數據來讓模型能夠擬合不同情況的數據。比如在工廠中運輸貨物的自動駕駛車輛，相較於在公路上行駛，它的特殊場景就很少。這就是為什麼在某些電子商務的倉庫中，自動駕駛應用已經很成熟，但自動駕駛整體還在進行小範圍應用試驗的原因。

(4)不同任務的需求

我們假設數據的屬性是一樣的，在不同的任務中，所需數據量有很大差別。比如對語句進行分析，如果我們只對句子進行情感分析，將每個句子標注為負面評價或正面評價，可能只需要「萬」級別的數據量。但如果需要用於對句子進行實體提取，將一句話濃縮為三個關鍵字，那就需要更多的數據，且標注數據也需要耗費更多的工作量。

學術界關於「如何選擇數據量」有很多尖端論文，這也是學術界目前研究的方向之一，在每個特定的演算法下都有具體的計算方法。但為了能夠讓大家更直觀地了解這個問題，也考量到並非每個讀者都是演算法從業人員，因此我們的討論會拋開複雜的計算公式，而是去討論「數據需求量」這個問題。

**2. 如何確定數據需求量**

(1)方法一：透過模型的學習準確率進行數據量調整

在人工智慧訓練過程中，透過觀察學習曲線（準確率隨時間或訓練次數變化的曲線）來判斷數據量是否合適。

這種方法需要建立在動手實驗的基礎上進行，動態調整訓練數據的大小。如果數據量較小，那麼訓練模型的時候，就容易出現「過度擬合」現

象。「過度擬合」的意思是說，在訓練過程中，由於抽樣的訓練數據中包含抽樣誤差，抽樣樣本數越少，潛在的抽樣誤差就越大，抽樣誤差是由隨機抽樣的偶然因素（訓練數據類似於在實際場景中的抽樣）導致。因此，模型的準確率雖然在訓練時很高，但放在測試數據上進行測試時，準確率卻明顯不如訓練時給出的準確率，這也是因抽樣誤差導致。這時候就需要調整訓練數據了，透過更多的抽樣數據，減少「過度擬合」情況的發生。

(2) 方法二：按照數據的特徵屬性進行估算

數據特徵的屬性包含數據的特徵數量，比如根據個人的基本資訊來預測健康狀況，個人的基本資訊包括身高、體重、血糖、血脂等數據，這就是特徵的數量。可以按照「10 倍法則」，每隔一個預測因子，需要 10 個樣例來進行估算，即當個人數據是 100 時，至少需要 1,000 個使用者的數據，才能夠滿足最基本的場景需求。

(3) 方法三：按照要完成的目標進行估算

比如在電腦視覺方面，使用深度學習的圖像分類，按照經驗判斷，每一個分類需要 1,000 幅圖像，當然如果使用在其他任務上的預訓練模型進行訓練，對數據的要求則會有所降低。

對於非圖像的分類任務，在簡單的「是否」、「有無」判斷的二分類任務中，可以按照「方法二」先進行估算，之後看任務分類類別增加了多少，每增加一個分類，數據量需求翻一倍。也就是說，對於上面 100 個人數據預測健康程度，如果最終需要預測的類別是「健康」、「預警」、「不健康」三個分類，則需要至少 2,000 個使用者的數據，才能夠滿足基本需求。

(4) 方法四：參考開源的類似項目、競賽、實驗等數據量

人工智慧的熱門，帶動起各式各樣的數據競賽以及產生開源的數據集，這些數據能讓你對項目所需的數據集大小心裡有數，我們在評估場

## 第 5 章　AI 應用的挑戰與未來展望

景的時候，可以將和任務複雜度相似的數據集作為參考。在任務相差不多的情況下，所需數據量的級別是相同的，比如：

1) **千級別**：「MNIST 手寫體數位辨識」，類似簡單符號的辨識。

2) **萬級別**：對一般的圖像分類問題，比如對貓、狗進行辨識。

3) **千萬級別**：比如知名的 ImageNet 數據集，可以滿足對上萬個圖像類別進行分類，並且可以用於目標檢測這種辨識更多圖像資訊的場景。

上面的三種估算方法，在實際項目中僅供參考，具體的我們還需要在實驗中進行驗證。面向所有人工智慧應用場景的統一方法，目前還有待探索。

**除了對於數量的要求，數據的品質也很重要**。

技術圈內有一句話：「100 萬個混亂的數據，不如 100 個乾淨的數據」，數據品質更有助於演算法學習規律。無論面對什麼場景，使用什麼樣的演算法模型，我們都需要確保正在使用的數據品質也能夠滿足要求。

評估數據品質可以從以下幾點入手，如圖 5-1 所示。

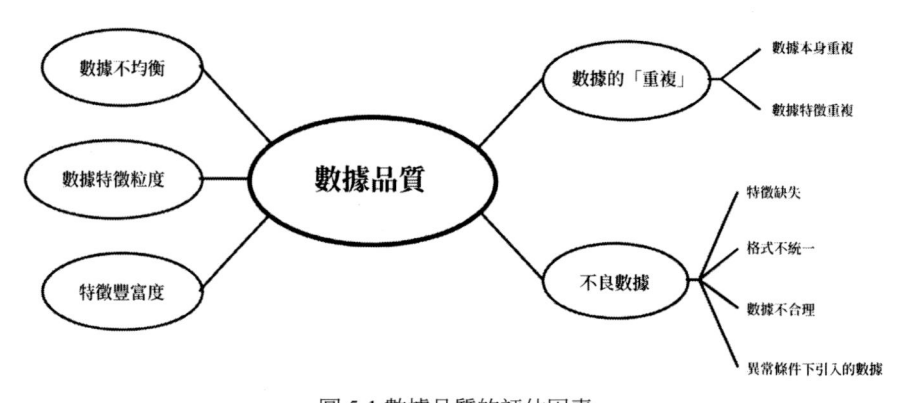

圖 5-1 數據品質的評估因素

## 1. 數據的「重複」

　　無論是數據本身的重複性，還是數據特徵的重複性，對演算法和模型來說，都是不會對效果產生最佳化作用的。從數據本身的角度來說，一行數據複製 100 次還是 1 行數據，因此拿到數據後，去除重複也是很有必要的。數據的特徵一般不會是完全重複的，但特徵之間有相關性，比如降水量和空氣溼度，二者之間的相似性很高。再比如個人數據，「勞保年限」和「工作年限」兩個特徵幾乎是完全「正相關」的數據。對人工智慧學習過程而言，獨立特徵越多，即相互之間相關性低的特徵越多，模型的表達能力越強。

　　那麼如何發現相似性高的「重複」數據？

　　對於數據本身的「重複」，可以在數據標準化之後，計算不同數據之間的相似度，比如透過「歐幾里得距離」，將相似度高的數據，判定為重複數據；另外，還可以直接對數據進行聚類分析，將數據分成幾個大類，之後再從大類中分出相似度高的數據集合，進而找到重複的數據。

　　對於數據特徵的「重複」，數據特徵之間關係的因果性，是採集過程中不可避免的，最常見的做法是主成分分析，透過正交轉換，將一組可能存在相關性的變數，轉換為一組線性不相關的變數，轉換後的這組變數叫「主成分」，其作為基礎的數學分析方法，應用十分廣泛，比如人口統計學、地理建模、數理分析等均有應用。在實施時，很多機器學習工具套件中都包含了這種演算法，直接透過函數執行即可。還有一種做法是在得到數據後，以其中一種特徵屬性為入手點（比如時間），視覺化分析其他屬性特徵和它的相關性，當兩個特徵重合度超過一定比例時，則判定兩個特徵「重複」，此時可考慮合併特徵，之後再將剩下的特徵兩兩進行比較。

## 第 5 章　AI 應用的挑戰與未來展望

### 2. 數據不均衡

數據不均衡是指數據之中不同標註的數據不平均,比如在某分類問題中,訓練數據集中有 10,000 張圖片,其中 9,900 張都是貓,100 張是狗,任務是給出一張圖片,來判斷圖像中的動物是貓還是狗。數據不均衡會導致人工智慧模型訓練的收斂速度慢,對個別類別的學習樣本過少,造成廣義化能力差,使人工智慧模型向數據量多的方向偏移。一般不同類別數據之間相差「一個數量級」及以上時,我們便需要考慮如下的方法來最佳化:

(1)對類別少的數據進行更多的樣本蒐集

蒐集代表性不足的分類樣本,但很多時候,樣本蒐集會受到管道、時間、成本因素限制,如果沒有辦法,則可以考慮其他方法。

(2)取樣方法

透過多訓練人工智慧模型的數據集進行處理,使數據不均衡情況得到緩解。這裡通常分為「上取樣」和「下取樣」。「上取樣」是指將類別少的數據複製多份,處理後的數據會出現一定的重複數據,使模型在訓練過程中會有一定的「過度擬合」;「下取樣」是指將類別較多的數據在合理範圍內進行一定比例的剔除,下取樣會因為部分數據的遺失,而使模型只學到了一部分內容。

(3)數據合成法

透過已有的小類別數據生成更多的數據,比如對於圖片數據,可以透過圖片旋轉、剪裁、平移、角度變化或增加雜訊、圖像模糊等方法處理,經過處理得到的數據,仍然和原先的類別屬於同一類,這種方法經常用於醫學領域。

### 3. 不良數據

當數據中存在標注不正確數據，或由於環境因素出現採集錯誤時，因機器並不能理解數據的具體含義，所以人工智慧模型會被數據所「欺騙」，使得訓練的時候，模型會向這些不良數據傾斜。這會導致最終訓練得到的人工智慧模型是不準確的，當我們在實際場景中應用它的時候，模型無法給出正確的結果。

常見的不良數據有以下幾種：

(1) 特徵缺失

數據的特徵存在空值或採集不到的情況，比如我們常在數據中看到的「null」，這裡可以透過其他特徵來預測或補充缺失的特徵，或也可以將所有的缺失特徵當作對應數據屬性新的類別來處理，如果整體數據集中某個屬性缺失過多，還可以直接對屬性進行刪除處理。

(2) 格式不統一

比如對於出生日期，有些填寫格式是「1995 年 6 月 5 日」，有些填寫格式是「1995.6.5」，需要對這些格式有問題的數據進行統一處理。

(3) 數據不合理

當數據不合乎常理時（比如身高「-68cm」），則需要人工介入來辨別，制定數據篩選過濾的規則，將這些「髒數據」剔除掉。

(4) 異常條件下引入的數據

對於非正常的數據採集環境，採集到的數據會有明顯的不準確性，比如當採集訊號的感測器出現損壞時，如果這些數據不是場景中需要辨識的特殊場景，那麼就需要從數據中剔除，以防止模型最佳化方向被帶偏。

第 5 章　AI 應用的挑戰與未來展望

對於上面討論的不良數據問題，如何發現？可以透過如下四種方式。

(1) 專家規則

透過人工智慧應用領域內制定的一些專家規則來對數據進行篩選，比如可以對數據的不同屬性特徵設定一個範圍邊界，對超出範圍的數據進行剔除。

(2) 相似度分析

將發現的特例不良數據作為基準，然後計算其他數據和這些數據的相似度（相似度可以透過「餘弦相似度」等方法來計算），當數據和不良數據的相似度超過一定閾值時，則將這些數據也判定為不良數據。

(3) 實際場景驗證

對不良數據的採集環境進行分析（比如時間因素），來找到對應採集出問題的時段，之後按照「(2) 相似度分析」中介紹的進行操作。

(4) 額外數據處理

對不良數據進行額外的處理，而不是透過數據剔除的方法，比如缺失的欄位可以用中位數、平均數來替代；對於離散類別的數據，可以將不良數據統一作為新的類別；異常數據也可能反映了特殊情況。

**4. 數據特徵粒度**

我們常說的「粗略」、「詳細」描述的就是數據的粒度，按照某種屬性採集數據越精細，則粒度越高。比如對於溫度預測的場景，用於訓練的數據是按照「小時」級別，還是按「天」級別，這種不同，就是描述數據的粒度；對於圖像檢測，圖像越大、解析度越高，圖像中涵蓋的資訊就

越豐富，應用於圖像分類的人工智慧模型也就越複雜。

數據粒度需要和應用場景中的目標相匹配，根據任務需求去採集數據，它會影響數據採集和模型複雜度的選擇。這裡並不是說數據採集粒度需要和場景的目標完全一致，在有的場景，原始數據比應用場景需要的時間屬性更細。還是以人工智慧預測每天氣溫的場景為例，原始數據如果是以天為單位，那麼會遺漏一天中氣溫、天氣變化的資訊，對於早晚溫差大的場景，氣溫隨時間的變化資訊就會被遺漏，通常時間屬性比任務要求細微一個級別就可以，比如目標是「小時」，對應的數據採集應為「分鐘」。從影響計算資源的角度來看，要依託成本和精準度要求來評估，這裡精準度是指要求辨識和處理的最小單元是什麼，比如對於自動駕駛場景，需要辨識行人、障礙物、甚至小動物等物體，但對於與行駛安全沒有影響的「小石頭」，則無須清楚辨識。

**5. 特徵豐富度**

特徵豐富度是指每一條數據的數據特徵，需要細化到一定的程度，才能夠產生作用，對數據特徵豐富度需求的判斷，往往依賴於我們對應用場景的熟悉程度，比如對天氣溫度進行預測，如果數據只包含空氣溼度指標，預測情況顯然比數據中包含溼度、氣壓、最近七天氣溫、風力等詳細的指標還差。因此，數據蒐集除了需要關注數據的數量外，還要清楚在應用場景中，哪些特徵是對場景內的任務影響較大的，對於這些特徵的採集，要盡可能完整。我們可以透過場景內目標的複雜程度來判斷，比如對二分類問題的判斷，通常數據特徵屬性是 10 即可，每多增加一個預測類型，對應特徵數量應該乘以 2。

第 5 章　AI 應用的挑戰與未來展望

# 5.2　阻礙 AI 應用的關鍵因素

　　目前大眾對人工智慧的看法和人工智慧目前達到的水準是有不小偏差的。在技術發展的早期，人們總是會高估技術的短期發展，而低估技術長期發展的價值，人的這種認知差異，從側面阻礙了人工智慧的應用程序。我隨機採訪了幾個朋友，諮詢了一下他們是如何看待人工智慧的。

「沒有人工智慧，我的生活和工作還是一樣的。」

「我的工作高度依靠經驗，人工智慧沒辦法替代我，我做得已經很熟練了。」

「我害怕被演算法支配，很多事情並不是效率高才好，生活有生活中的美好。」

「我不想把數據交給人工智慧的營運商，我不信任它。」

「很多人工智慧產品太『雞肋』了，有很高的學習成本，有這個時間，我都做完了。」

　　在高速發展的過程中，人工智慧應用也存在許多阻礙因素，下面我們來拆解分析。

## 5.2.1　人工智慧貴，成本高

　　人工智慧應用過程中所產生的成本是高昂的，這也是很多人工智慧新產品嘗鮮者都是一些較為成熟的大公司、上市公司的原因，小公司迫

## 5.2 阻礙 AI 應用的關鍵因素

於成本的壓力,難以應用人工智慧。那麼人工智慧貴在哪裡呢?主要是以下三個方面:

### 1. 算力(計算資源)貴

人工智慧對計算的需求非常大,無論是學習(訓練)還是執行(服務),對高效能運算的晶片需求高。比如和李世乭對戰版本的 AlphaGo,是由多個電腦群組成的,據說最少用到 1,202 個 CPU 和 176 個 GPU,外加 100 多個計算顯示卡等。以一臺 20,000 多元的普通玩家高階個人電腦為例,如果按照核心數換算的話,一臺簡配版的 AlphaGO 大概等於 300～500 臺個人電腦。

算力的需求和其昂貴造價,使人工智慧無法快速走進大眾。為了降低算力成本以及市場對算力的需求,導致「人工智慧晶片」行業爆發,市場規模從 2017 年的 20 億美元,年均成長 90%,到 2022 年的 490 億美元。目前透過開源社群、人工智慧晶片、人工智慧雲端等方面的推動,人工智慧產品的價格將進一步降低。

### 2. 人才成本高

從事人工智慧的員工薪資比普通開發者大致高出 20%～30%,主要原因還是人才供不應求。

企業發展人工智慧的核心驅動因素是人才,現在一方面人才供不應求,不管是大廠還是初創型企業,它們都面臨著人才短缺的問題,不管是大公司還是創業公司,都在努力盡可能讓人才納入麾下;另一方面,跨領域綜合型人才少之又少。為什麼跨領域人才很重要呢?因為領域知識在實際應用過程中至關重要,是非常寶貴的。比如對於醫學的複雜性要求,人工智慧在數據標注工作中,就需要擁有醫學背景的人工智慧專

## 第 5 章　AI 應用的挑戰與未來展望

業人士參與。對單個專案而言，應用過程標注數據的品質不高，或數據本身有缺乏，都會嚴重影響專案的最終應用。

### 3. 人工智慧應用配套設施貴

人工智慧應用的核心是技術，但在應用之後，產品營運、後端資源、服務能力都需要配套跟上，才能服務好具體領域的使用者或客戶，從產品化、規模化交付到口碑營運，中間有太長的路要走。每個細分領域都有自己的需求和特點，現階段都需要配合一系列的監控及相關人力才能應用。比如某知名資訊推薦產品，依然需要人力來進行補充，以實現稽核目的，據悉，負責稽核內容的員工人數有 2,000 多名，再加上員工的管理、工作場地、福利待遇等，月成本將近 8,000 多萬元。人工智慧也有很多弊端和不足，在產品尚為健全的今天，這也是較穩妥的方案，我相信隨著技術的發展、產品化的成熟，以及法律法規的健全，這部分成本會顯著降低。

## 5.2.2　人工智慧應用需要警惕「意外」

人工智慧的核心是演算法，演算法本身並不帶有「善意」或「惡意」，但人類的意圖會被演算法放大，人工智慧會增強人類的「惡意」。比如將人臉辨識應用在人身核驗的業務上，再領先的人臉辨識技術，也無法保證 100% 的準確辨識，過濾掉各種潛在風險，如照片攻擊、影片造假、「雙胞胎」等。在人臉對比存在潛在風險時，或活體檢測有不確定性存在時，需要採用人工檢測的方式來保證準確率，以降低風險。

## 5.2 阻礙 AI 應用的關鍵因素

人工智慧也使個人隱私和自由變得非常脆弱。人工智慧需要蒐集、分析和使用大量數據，這其中有很多資訊具有身分辨識性質，屬於非常敏感的個人資訊。數據裡無意中存在的隱私數據，會被人工智慧模型「記住」，「過度擬合」現象也會助長個人隱私被侵犯。因為很多應用為了更能服務於人，需要透過人的使用習慣、使用紀錄的資訊來發現潛在的需求，這些數據中有可能會包含很多隱私數據，如身分證號碼、帳號密碼等，那麼由於人工智慧並不知道這些數據的實際含義，就會都記住。這種「無意識」行為的結果，就會為使用者帶來很嚴重的困擾，產生隱私資訊洩漏的風險。

比如我們現在常用的輸入法，都包含個性化學習的功能，如果智慧輸入法在學習我們的輸入習慣時，沒有做好數據的保護對策，那麼我們敲擊鍵盤的前後關係就會被記住，你如果經常輸入密碼或帳號資訊，就可能會被人工智慧「記住」。

結合人工智慧在語音技術、自然語言處理技術上的應用，人工智慧在服務於人的同時，也會變成侵犯我們隱私的「利刃」。比如模擬人聲詐騙，模仿子女的聲音打電話給其父母；或者透過機器人打電話的方式，打行銷電話給潛在消費者；手機 APP 透過麥克風偷聽使用者說話、監聽手機打字……

在重要領域，不能將人工智慧的運算結果作為最終且唯一的決策依據。例如，在關於人工智慧醫療輔助診斷的規定中，需要有資質的臨床醫師來最終確定，人工智慧只能作為輔助的臨床參考。

這些演算法創作者意料之外的用途，為人工智慧無意中附加的能力，讓它在我們腦中多了幾個身分：①威脅生命的「殺手」：因為故障、

第 5 章　AI 應用的挑戰與未來展望

勸人自殺的智慧音響；②弄虛作假的「高手」：Deepfake（深度偽造）變臉術，可以在任何影片中，將一個人的臉換成另一張臉，使得短短幾週之內，網路上到處充斥著換上名人臉的粗劣色情片；③侵犯隱私的「騙子」：聲音模仿詐騙……

人工智慧雖然正改變著我們工作和生活的方式，影響我們的決策，但我們必須確保人類仍然處於「駕駛座」的主導位置。

## 5.2.3　大眾的期望問題

由於影視作品和新聞中對於人工智慧的藝術渲染，不知實情的大眾對人工智慧的期待遠高於現有技術。人們會將現有產品和電影中無所不能的人形機器人做對比，對於這種期望遠遠大於產品、技術成熟程度的落差，對產品本身的市場推廣提高了門檻。我們一直討論機器人將取代我們的工作；機器自動烤麵包會讓我們連烤麵包的能力都喪失；機器推薦演算法會讓我們失去篩選資訊的能力，被動地接收機器傳達的內容，而被人工智慧主宰了認知……這其中的一些討論是會真實發生的，而一些則是無稽之談。

對於產品的使用，在有的場景下，人們普遍更願意相信自己而不是人工智慧。以自動駕駛為例，自動駕駛的安全係數實際上遠高於人類，且隨著數據的累積，安全指數會越來越高。特斯拉公布的〈自動駕駛汽車事故發生率報告〉（TeslA Vehicle safety report）[1]指出，2020 年第一季度自動駕駛每行駛 459 萬英里，會發生一起事故，而對於那些沒有自動駕駛的駕駛人員，每行駛 176 萬英里就會發生一起事故。相比之下，美

國國家交通安全管理局（NHTSA）的數據顯示，美國每47.9萬英里就會發生一起車禍。有了自動駕駛的存在，交通事故率顯著降低，但是人類還是會為了自動駕駛的一起偶然事故而抱有懷疑態度。

對於其他新型的人工智慧產品，它們對環境、使用者配合度的要求，帶來了新的問題：「怎樣快速直觀地教使用者使用」，如果使用者無法正常使用功能，或者產品功能設計不合理，導致使用者無法正常使用，同樣會為人工智慧的應用和推廣帶來負面影響。

### 5.2.4　應用場景缺少數據

人工智慧底層基於統計學，統計學是針對數據的，因此數據能夠成為人工智慧時代的能源。但反過來說，數據的偏差、錯誤、不足，也成為人工智慧最大的風險因素。

**1. 數據角度小**

往往描述一件事情的角度越多，你越能精準、全面地了解事物。數據角度的多樣性，是巨量數據最終能發揮多大價值的關鍵因素。但實際上，我們蒐集到的數據往往都是小數據，而不是大數據。比如我們手機上的個人數據、在教育、醫療的檢測與客服問答的數據等。小數據通常會有兩個問題：

1) **數據屬性同質化**：很多都在說明或驗證同一件事情。

2) **數據關聯性弱**：難以從中推理出各屬性之間的定量關係。

## 第 5 章　AI 應用的挑戰與未來展望

　　這些問題也造成了基於大數據迭代的深度學習模型無法勝任小數據場景業務，數據角度的多寡，直接影響了機器能夠從數據中學習到的特徵表達能力。

**2. 數據標注直接影響模型效果**

　　做人工智慧演算法的同學都會有類似的經驗，很多時候，對模型調了半天，遠不如增加標注數據對模型最終效果提升來得明顯；而模型效果不好，很多時候查出的原因也是數據標注有問題。這是因為數據標注的結果就是模型學習和擬合的，標注數據品質如何，會直接影響模型效果。人工智慧模型——特別是深度學習——非常脆弱，稍加移動、離開現有的場景數據，它的效果就會顯著降低。對機器學習來說，由於訓練數據和實際應用數據存在差別，訓練出來的模型被用於處理它沒有見過的數據時，效果就會大打折扣。

**3. 數據獲取難**

　　獲取的難度、數據集的不準確和不完整、資訊共享難以實現等問題，導致數據在各個企業、服務提供商、開發者手中的分享和共享是很困難的。

　　企業、員工的意識也影響數據的品質。比如對大多數工業企業而言，設備的維護紀錄都是靠人工手寫，時間不準確。即使是用電子化系統來做，設備到底發生了什麼問題、處於什麼狀態，紀錄往往也不準確，同時維護數據紀錄品質的好壞也不直接與基層人員的 KPI（關鍵績效指標）掛鉤，這讓營運維護人員沒有足夠動力去保證數據的品質。

　　正如市場需要時間和資源來形成網路效應，人工智慧公司也需要初始數據來形成自己的增強路線，以下是可以幫助業務獲取數據的方法。

## 5.2 阻礙 AI 應用的關鍵因素

(1) 方法一：透過合作

僅憑一家公司之力可能無法獲得足夠多的數據集來打造一款人工智慧產品，但如果從其主要合作者或客戶手中蒐集數據，累積形成自己的數據池，就有可能擁有足夠訓練出讓使用者滿意的人工智慧產品的數據量，把數據集視為價值鏈上的互補資產。

(2) 方法二：開源數據集

網路上有眾多的開源數據集和項目，無論是大型公司還是科學研究機構，都在為公開的數據集做貢獻，在大部分任務中，都可以找到合適可用的數據集，比如人臉辨識、自動駕駛、圖像辨識、醫學影像標注……同時也有很多依託競賽的開發數據集供使用。

(3) 方法三：數據增強

透過已有的數據，隨機生成更多的數據。比如對於圖像辨識領域，透過圖片的旋轉和剪裁，可以將原有數據拓展成更多數據。

### 5.2.5　人工智慧歧視

正如尼爾‧波茲曼（Neil Postman）在《技術壟斷：文化向技術投降》（*Technopoly: The Surrender of Culture to Technology*）中所言：「每一種新技術都既是包袱又是恩賜，不是非此即彼的結果，而是利弊同在的產物。」

有的人會認為演算法是單純的技術，沒有什麼價值觀可言，但實際上人工智慧系統並非表面看起來那麼「技術中立」，它是存在偏見和歧視

## 第 5 章　AI 應用的挑戰與未來展望

的。人工智慧演算法的有效性，是建立在大量數據材料分析的基礎上，而這些數據來自社會的真實情況，社會結構性的歧視，也會延伸到演算法之中。

發生人工智慧歧視的原因如下：

### 1. 人類固有偏見的強化

人類善於在言語上進行克制、在行為中表現出客套，長此以往，人們似乎把隱藏自己對別人的偏見當成一種美德。問題變成了你心裡歧視與否不重要，表面上做得好，你就是一個好人。而在結構化數據的儲存中，沒有「客套」，數據反映了真實環境下的客觀數據，形成這些數據，是由人的行為造成的，包含了人類的固有偏見。我們對數據貼標籤的方式，是我們世界觀的產物。

### 2. 數據儲存偏向

人工智慧對事物做出的判斷不是憑空或隨機得來的，它必須經過一系列的訓練學習才可以，系統的執行往往取決於其所獲得的數據，也是這些數據的直觀反映。輸入的數據代表性不足或存在偏差，訓練出的結果可能將偏差放大，並呈現出某種非中立特徵。如某個群體會有一些共性的特徵，那麼人工智慧將會把這些大多數的共性特徵數據作為標籤使用，一旦對象不在這個群體特徵裡，或屬於這個群體中的少數特徵，其就有可能採取否定的態度。

數據偏見主要有兩種形式，一種是數據採集客觀上本來就不能反映實際情況，比如由於測量方法的不準確，或者採集過程中存在其他缺陷。這樣的數據偏差，可以透過改進數據蒐集的過程進行修正。另一種是數據採集存在結構性偏差，當場景中本身就存在的人為偏見被引入數

## 5.2 阻礙 AI 應用的關鍵因素

據中,比如與求職相關的演算法向男性推薦的工作職位的整體薪資高於向女性推薦的職位,以及有些國家警方的犯罪辨識系統,會認定黑人犯罪機率更高。解決這種數據偏差,只能透過人工干預措施,雖然很多科學研究機構都做了很多工作來解決這種問題,但對於如何「檢查」數據結構偏差,仍尚無定論。

### 3. 效果偏見

推薦系統被廣泛應用於電商、新聞的網站、APP。當我們經常閱讀某一類型的新聞時,系統就會根據我們的瀏覽痕跡,持續推薦同類型的新聞,這也讓我們失去了一些接觸更多資訊的機會。透過推薦內容,相似立場的資訊會反覆強化我們的觀點,不同於己的觀點的出現機率會顯著降低,這也使人們的意見更加割裂、兩極化。

對於這些偏見和歧視,我們應該確保數據訓練樣本的多樣性,並對為數據打出標籤的人盡量做到背景多元、獨立。此外,我們還需要更加關注這種現象以及容易被侵犯的群體。當人工智慧造成負面影響時,能夠及時進行處理,甚至懲罰造成歧視的錯誤。

第 5 章　AI 應用的挑戰與未來展望

# 5.3　AI 未來應用的七大方向

## 5.3.1　大語言模型

為什麼過去很多人工智慧做不了的場景，在大語言模型推出後變成可行？這就要從自然語言模型的發展講起。過往人工智慧應用的發展主要來自以下幾點：

- 人工智慧要素的發展，更高品質的標注數據、算力和演算法的提升，讓人工智慧模型越來越快，越來越能發現數據之間的對應關係；
- 場景中的問題可以轉化為最佳化的問題，讓人工智慧透過最佳化一個指標的學習過程來訓練，當然這讓人工智慧在場景中往往只能解決其中一個環節；
- 人工智慧和其他技術結合，合作解決場景中的問題。

過往的自然語言技術類似「填表」工作，需要透過人工，把整個場景提前規劃好，包括整個流程、每個環節的任務，以及設定具體任務的目標，這中間各個環節就是一個個子任務，每個子任務都需要單獨標注數據、訓練模型，或調用已經封裝好的服務，比如在做 NLP 句子分析，需要將一句話分成很多部分進行標注和分析。而大語言模型的出現，直接解決了這些中間任務，把大量的數據標注和預訓練，都放到大模型內部參數中進行學習，大量的子任務被合併到同一個模型中學習、訓練。就

## 5.3 AI 未來應用的七大方向

好比當我們辨識一輛汽車時，一開始需要將它分成「車輪」、「車身」等汽車身上的特徵，之後才能夠辨識一輛汽車，但現在不再需要拆解這些特徵了，而是透過看到的整體來判斷。大模型的具體特點如下：模型訓練加速，並行處理提高，使得在超大規模數據上訓練能夠進行；

- 相較於之前 NLP 的模型，能夠關注更長序列文字元素之間的關係，比如「今天下雪，我想出去堆雪人」，能夠關注到「下雪」和「堆雪人」之間的關聯；
- 隨著不斷加深網路模型中間層堆疊，參數成長後，模型的廣義化能力提高，在不同子任務領域的通用性得到提升。

這些特點讓研究人員都去採用 Transformer（變換）模型[2] 和它的結構變體來研究和發展大語言模型，自然語言處理領域的研究，在整體方向上形成了統一，也讓更多的從業者和算力資源都投入到這個領域。

那麼大語言模型能夠應用於哪些場景？一句話來說，它可以應用於重複性工作或內容生成的創作類型工作。

比如可以協助開發者程式設計、閱讀程式碼、提供開發建議；可以幫助傳媒、藝術創作者編寫廣告、內容創意，整合匯總內容形成新聞稿件、製作影視等；可以透過蒐集市場變化來預測趨勢，幫助金融工作者提供投資建議；可以應用到客服、營運等勞動密集型的語言工作中……大模型的核心是在語言系統中建立「預測」的能力，因此一切圍繞自然語言相關的場景，都可以應用它。這裡需要注意的是，當場景對可解釋性、模型輸出的準確程度要求較高時，大模型有時候會存在「一本正經胡說八道」的情況，因此無法保證輸出內容可信、數據存在安全隱憂的場景，暫時無法應用大模型。隨著人工智慧技術的進步，數據品質的提

## 第 5 章　AI 應用的挑戰與未來展望

升,訓練方法的演進,未來大模型的精準程度一定會進一步提高,我們可以按照應用場景對準確度的要求看它未來的發展,把它分成以下四個等級:

1) Level1:對準確度要求較低的場景,比如行業中的一些工具產品、知識性問答產品、提高辦公效率的工具產品,都是可以結合大模型應用的場景,在這些場景中,人工智慧作為「合作者」,其輸出結果都會經由人工二次確認,來保證輸出的品質和可用性。這就是當前我們看到的、在垂直場景下,一個個解決方案的湧現,如透過人工智慧生成程式碼。

2) Level2:作為工作流程解決方案中的一部分,在某個工作流程中,替代原先的人工部分,來串聯工作流程,讓整個流程能夠自動化獨立執行,大大提高垂直場景的執行效率。這就是當前我們看到的、各行各業的工具產品在逐步「+人工智慧」,在自己的解決方案中融合大模型的能力。比如在製作 PPT 時,在人工文字內容提示的基礎上,自動完成後續 PPT 的排版和美化工作。

3) Level3:人工智慧能夠根據外在的數據回饋,主動學習來應對外部世界發生的變化,並調整輸出內容。

4) Level4:具備一定自主化的能力,能夠自行規劃、執行任務、編寫規則,這時候人工智慧就能自主解決開放性問題,將人工輸入任務拆分成一個個具體執行的動作,並根據外部的數據回饋,獨立完成這些動作。

其中 Level1、Level2 是當前正在發生的,Level3 和 Level4 是在不遠的未來將會發生的。

5.3 AI 未來應用的七大方向

## 5.3.2　人機合作成為產品主流形態

過去幾十年來，我們不斷研究如何讓機器認識世界，讓人工智慧模仿人類的工作步驟，進而能夠在一些場景內讓機器自主工作，不需要人工干預。實際上，在人工智慧應用的過程中，只有一些特定的場景能夠完全讓人工智慧獨立工作，這些場景都是簡單的、有特定執行步驟的任務，比如工廠內的零件組裝、機械加工等，大部分場景都需要用人的知識或經驗判斷如何處理、執行。人和機器之間會存在一條「邊界」，在它兩邊的人和機器，透過合作的方式來完成任務。隨著技術的發展，這條「邊界」會不斷朝著「人」的方向擴散，最終達到一個「平衡狀態」，如圖 5-2 所示。

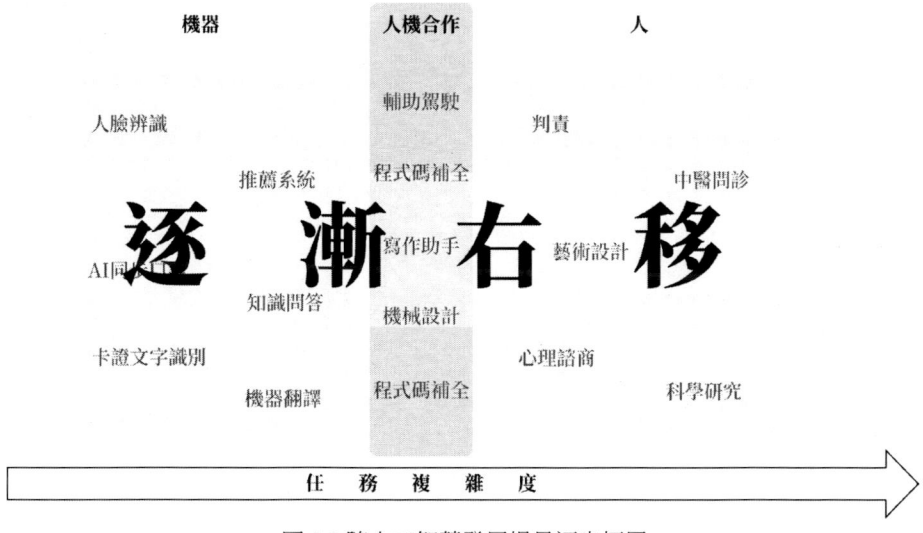

圖 5-2 隨人工智慧發展場景逐步拓展

任務的複雜程度如果能夠被機器所覆蓋，那麼這項任務就可以讓機器來完成，人只需要對結果進行把關即可。在這種「平衡狀態」下，人負

279

## 第 5 章　AI 應用的挑戰與未來展望

責的主要方面，包括規則制定、價值判斷、任務描述等，而機器藉助人工智慧演算法去做具有重複性、危險性、非創造性的工作。

**讓機器做機器擅長的事情，把真正的智慧留給人類，其實是人工智慧應用的有效方式。**

這種「人機合作」的模式，既不受技術發展瓶頸的制約，又不受大眾恐慌的「人工智慧取代人類工作」所影響，正逐步應用到我們日常的工作、生活中。

當人工智慧在工作中幫助我們時，原先我們還是會用人工智慧去替代某些具體的職位，即將人工智慧視為獨立的「人」。這樣的「替代」方式，其實是在設計人工智慧時，透過目標，讓其從數據中自己尋求解決方案，這無論從技術實現，還是從數據、環境等其他方面，都有很高的難度和不確定性。相對地，「人機合作」，人和人工智慧一起合作辦公，是一種新的思路，也更加接地氣。這樣既降低了技術應用的難度，又充分讓人和人工智慧各自做擅長的事情，以提高效率為主，不是「替代式」的革命。人工智慧在輔助某個具體的工作職位後，又會創造出其他與之相配合的工作職位，帶來以下兩個價值收益：

**1) 提高工作的效率**：機器和人分別擅長不同的事情，機器可以不休息、不間斷、幾乎無誤差地一直工作。人在處理很多重複、枯燥和危險性質的工作（如生產線上的組裝，或是倉儲、揀選和封裝等工作）時，會由於連續工作時間的增加而降低效率，當人感到疲憊、注意力不集中時，也容易影響工作品質，但機器不會。

**2) 更能發揮人的「智慧」**：讓機器承擔重複、枯燥的工作，人則可以承擔更多創造性的工作，發揮人的智慧優勢。人工智慧只能完成被定義

## 5.3 AI 未來應用的七大方向

的工作,無法完成「啟發式」的任務,這些需要「意圖」、「意外」、「創造力」才能完成的事情,將會長期一直由人來完成。

**「人機合作」的具體模式,可以分為以下兩種:**

**第一種人機合作模式是「主從式」**

人工智慧主要作為人的「助手」來輔助人完成工作。這種模式的優點在於可以簡化人工作的難度和複雜度,提高效率;同時對一些不友好的環境,如極冷、極熱,或受到地理和時間因素影響的問題,可以得到解決。比如利用機械手臂,在不適合人類操作的地方進行工作,透過感測系統蒐集並向人類傳遞環境資訊,人類將動作對映到機械手臂上進行遠端操控;再比如水下機器人,可以讓人在岸上操作遠在深海的探測機器人。在這裡,人工智慧的主要作用是對環境感知後的處理,將需要人為判斷的資訊傳遞給操作人員,或透過對環境的監測來為操作人員提供建議。在不少場景中,人工智慧也充當一個「建議者」的角色,比如「寫作助手」,可以在編輯寫稿時,根據已經寫下的內容,推薦內容出處和自動生成熱門詞彙的相關解釋網址,並且可以幫助編輯自動完成拼寫檢查和自動糾錯等。

「主從式」人機合作的問題在於操作者在使用時需要一些學習成本,同時也會有一定的適應時間,在起初使用這些協助工具時,使用者會感到些許不適應。

**第二種人機合作模式是「分工」。**

將簡單的、重複性質的工作交給機器處理,這些工作往往是目標明確、流程單一、可以被程序化的工作,讓人類去做需要人的智慧和經驗才能解決的工作。一方面節省了人的勞動力成本,提高工作的滿意度;

另一方面提高工作完成的有效性，因為重複性質的工作往往會因人的疲勞而影響任務完成的品質。

比如對於學校的考試、測驗、報告評分等，可以透過人工智慧自動統計和輸入，提高教職人員的工作效率。對於手寫試卷，系統可以透過 OCR 掃描學生名字、學生證號碼和試卷內容等資訊，將已經評完分的試卷或報告自動生成相關的數位化文檔，無須教職人員手工輸入。

## 5.3.3 人工智慧自動化工作流

人工智慧自動化不同於目前常見的傳統自動化設備，傳統的自動化設備具有以下特點：

1) **模擬性**：它允許透過配置來模擬人的行為。

2) **系統可互動**：它可以與其他系統進行交流通訊。

3) **重複執行**：可以重複執行。

4) **準確**：不會犯錯。

5) **便宜**：比人工成本低得多。

未來自動駕駛汽車、機器人這樣的高度自動化產品，具有自主適應環境進行調整的自動化設備，能夠從環境中進行動態學習，這是人工智慧自動化的特點。

不具備自動化學習能力的機器人是「死」的，換了使用環境就不靈光了。現在的傳統自動化流程和工具是規則導向的，機器的行動指令是透過程式指令執行固定的操作流程。引入人工智慧後，透過檢測環境變

5.3 AI 未來應用的七大方向

化,根據機器需要完成的任務,自動調整參數,最佳化新的模型或動作規劃,以完成原先給定的任務,使整個系統更加靈活、適應性更強。

比如,在工業生產線上負責對商品進行封裝的機械手臂,當商品的大小發生變化後,可以透過攝影機來感知變化,並主動調整機械手臂的動作,修改每個動作的定位,滿足商品大小變化的要求;再比如在基於規則的操作下,機器人無法從一批未整理的零件中辨識和選擇所需的零件,因為它缺乏必要的詳細執行規則去處理零件。相比之下,有人工智慧的機器人,可以透過攝影機辨識潛在所需的零件,並辨識所需零件的擺放方位,進而能夠從一堆亂糟糟的零件中挑出想要的零件。這種升級,帶給機器「面向任務」的屬性。

相較於傳統的自動化設備,「人工智慧自動化」增添了以下屬性:

1)**感知能力**:透過電腦視覺等人工智慧技術,對周圍環境進行感知。

2)**適應環境**:可以感知環境變化,根據目標來動態調整行動參數。

3)**個性化**:一套設備可以完成多種任務,無須對軟體進行維護和升級,即可根據使用者需求來製作產品。

4)**更高的安全性**:適應環境進行即時調整,避免因為周圍環境變化但設備未調整而造成的事故。

### 5.3.4 多模態融合

讓我們設想一個場景:「請幫我把書房的書桌右側書架上從左向右數的第二本書拿過來」,如果讓人去做,就是很簡單的事情。只需要知道書

## 第 5 章　AI 應用的挑戰與未來展望

房的位置和桌子的位置，找到書架後，從左邊數第二本書拿出來就可以，除非書架的位置挪動了，否則正常人都可以完成這個任務。但如果是讓機器人去做的話，以現在的技術，就不是一個「簡單」的事情了。機器需要先透過語言辨識，將聲音轉換成機器處理的文字，之後透過自然語言處理技術，定位任務中的關鍵點，再透過室內導航系統定位到書房，進入書房之後，又要辨識書桌以及書桌上的書架，辨識具體的書籍位置後，需要機械手臂相關的硬體設備，將書從書架上拿出來……這麼多個環節，有任何一個環節出現問題，機器人都無法完成這個「簡單」的任務。

人在做這件事的時候，很自然就完成了任務，因為這個過程涉及「多模態」的應用。「模態」的意思可以理解為「感官」，「多模態」的意思就是多重感官的使用，包括聽覺、視覺、嗅覺等。人類對世界的理解建立在多模態認知的基礎之上，比如在上面的例子中，就應用了聽覺、視覺、觸覺資訊，人腦可以對不同的感官輸入同時進行理解，但大部分人工智慧產品還停留在對單一感官資訊的辨識和感知階段，如智慧音響就是利用「聽覺」的裝置，人工智慧攝影機就是利用「視覺」的裝置。

對多種感官資訊進行辨識和應用就是「多模態」，它有以下作用：

### 1. 有助於人工智慧理解並完成任務

多模態的輸入增加了資訊含量，能夠讓智慧體更深入地感知並理解需求，可以藉助不同感官輸入指令進行知識的推理，在人機互動、對話系統中，能夠理解更多的環境資訊，幫助智慧體做出更好的任務規劃。

### 2. 協同學習

透過多模態學習彌補某些模態上的數據不足，透過建構，可以處理來自多重模態輸入的資訊，使不同模態之間進行協同學習。

### 3. 有助於更容易理解不同模態

目前熱門的研究方向是圖像、影片、音訊、文字語義，在這些不同方向中，有的任務是進行模態資訊的轉化，比如將圖像生成描述文字，將影片資訊轉換為文章描述等。這些場景中，解決多模態的人工智慧模型，在訓練階段就對不同模態的資訊建立連結和匹配，可以增強上述任務的效果。

## 5.3.5 人工智慧結合 XR

虛擬成像和顯示技術的發展，豐富了我們感官體驗的形式，帶來更好的沉浸式體驗。虛擬視覺技術可以讓我們像《一級玩家》(Ready Player One)一樣，在虛擬世界裡面玩遊戲，也可以在現實中為我們提供資訊輔助，比如幫助我們快速檢視眼前設備的使用說明或辨識路線。人工智慧用於虛擬視覺技術，不只是與電腦視覺相關的辨識和目標檢測可以提高虛擬成像的表現，還可以從很多角度提高整體應用的表現豐富性，具體可以分成以下幾部分。

### 1. 理解現實物體空間資訊，增加虛擬物體投射的真實感

AR 應用，旨在把虛擬的物體在空間中呈現出來，為了能讓物體更加真實和生動，需要理解三維視覺場景，除了對具體的物體進行辨識外，還要理解其位置資訊和在空間內的構成關係、先後順序。比如要在餐桌上的盤子投射出虛擬的食物，需要透過攝影機辨識出盤子的位置和形狀、大小，為了理解空間，還要將畫面中其他物體的數據以及它們與

第 5 章　AI 應用的挑戰與未來展望

使用者的距離算出來。人工智慧視覺技術可以透過深度學習技術來對圖像進行分析，幫助機器理解環境，實現對真實世界的感知。將這些資訊告知系統後，透過定位資訊鎖定需要在哪些真實的座標下投射虛擬的成像，以及成像的角度和位置應該如何擺放，從而使虛擬物體和真實物體疊加後，整體的效果更加真實。

**2. 辨識人體動作、位置資訊，增加虛擬實境的互動體驗**

你可能體驗過 VR 遊戲，很多應用都需要額外的設備輔助，比如手柄、電子槍，這些輔助的硬體設備，是為了更能辨識你的動作資訊，以完成虛擬和現實的互動。但這些硬體設備既產生了額外的使用學習成本，又無法捕捉到更細節的指尖互動資訊。這些輔助設備只是過渡性的產物，就像早期使用手機時需要鍵盤或電子筆之類的物體一樣。更加符合人體互動的方式是語音和手勢，這是人工智慧可以發揮作用的地方。人工智慧視覺技術可以捕捉到人本體的互動，比如手勢辨識，辨識虛擬影像和手之間的相對位置以及人手的姿態，捕捉到人的手勢和位置變化，即可判斷操作者輸入的指令，讓使用者和虛擬物體的互動更加貼近真實世界，增加使用體驗。

語音辨識和 NLP 技術也可以用來判斷操作者的意圖，提升體驗者的體驗感。比如電子遊戲中那些只能完成特定對話的 NPC（非玩家角色），在遊戲中都是等待使用者觸達才能開始互動。如果能夠加入語音辨識，並且可以對使用者的遠近進行辨別，就更可以模擬人和人的互動，對話也可以根據我們的輸入來對應生成，而不是用固定好的範本訊息。

## 5.3 AI 未來應用的七大方向

### 3. 豐富虛擬內容的製作

由於 AR、VR 都是電腦虛擬的成像，因此每個虛擬的物體都需要製作和建模，物體的美觀度和精細程度，也是操作者體驗很重要的一部分，建模耗時長，入門門檻也高，這使虛擬內容的缺少一直是制約其發展的重要因素。用人工智慧可以輔助開發人員加快內容製作，比如可以將 2D 的設計圖生成 3D 的虛擬影影像，之後再由設計師精確調整細節。人工智慧也可以從素材庫中已有的 3D 場景和模型之中學習，然後根據人準備的素材和指令進行快速二次創作，以補充場景和內容的缺失。

### 4. 最佳化虛擬成像的表現

人工智慧可以用於對虛擬成像的細節部分進行生成和細化。目前人工智慧修復老電影或為黑白電影上色，已經應用於影視行業之中，人工智慧能夠根據圖像的周邊資訊，對其他需要提升表現力的地方進行預測和生成。虛擬物體建模後都有一定的比例，這樣在體驗者近距離觀察或主動放大後，會產生「失真」、甚至模糊的效果，就像我們將一張很小的圖片放大一樣。如果要求建模者對所有虛擬物體的大小都製作很多的比例，顯然是不現實的，因此人工智慧在這裡就可以透過即時的圖像生成技術，幫助提高虛擬物體的成像表現。

### 5. 分析環境資訊，為使用者提供指引

人工智慧有個很重要的功能，就是根據現有的數據進行預測，當我們使用 AR 或 VR 時，使用者互動是環境中最大的變數，用既定的程式顯然不能滿足使用者「好奇」的心理，可能出現各式各樣開發者未設定的操作方式。人工智慧可以根據使用者的姿態和周邊的環境資訊，來預測使用者的操作表現，然後給使用者指導或提示潛在的風險。比如玩虛擬

球類遊戲，在使用者揮桿前，就可以提示使用者揮球成功的機率和球運動的軌跡，來改善使用者的表現。

## 5.3.6　人工智慧可解釋性提升

人工智慧作為一項新的技術，由於演算法不透明，也讓部分人產生了害怕未來被人工智慧支配的心理和不信任感。如果演算法不可解釋，是一個不可被監察的「黑箱」，這樣人類就無法預見演算法潛在的問題，也不能有效地控制和監管演算法，尤其當人工智慧在醫學、自動駕駛、金融領域的應用越來越廣時。《麻省理工科技評論》(*MIT Technology Review*)曾發表過一篇名為〈人工智慧內心深處的「黑暗祕密」〉[3] 的文章，它指出「沒有人真正知道先進的機器學習演算法是怎樣工作的，而這恐將成為一大隱憂。」

人類渴望理解演算法，以更能引導和使用技術，「演算法的可解釋性」既是科學研究領域的焦點，又是眾多人工智慧公司和網路公司所關注的趨勢。例如我們在瀏覽新聞時的推薦系統，基於一些可解釋性的演算法，如「基於使用者的協同過濾」，可以挖掘出你可能喜歡看的新聞內容，我們經常看到「你關注的朋友也在看」或「看過它的人也看過」。未來人工智慧將褪去「黑箱」的標籤，可解釋、可控制、可監管，為我們提供更好的服務。

人工智慧可解釋的好處歸納為如下三點：

## 5.3 AI 未來應用的七大方向

### 1. 為「敏感」場景下人工智慧應用提供先決條件

直接和人、財、物掛鉤的場景，比如涉及人身安全的自動駕駛場景、安全防護機器人，人工智慧所執行的動作，有明確可解釋的原因，可以幫助我們進行判斷、復盤，當出現意外情況或疑義時，人工能夠及時介入來處置。另外對於環境私密的場景，如家庭、會議室，出於對隱私的保護和防止資訊洩漏，人們對於人工智慧的可解釋性要求也會更高。

### 2. 建立使用者和人工智慧產品之間的信任

很多使用者不選擇人工智慧產品的原因，是對這類「新」事物不信任，一方面由於我們看到經常有層出不窮的、關於人工智慧「失靈」的報導，比如某些廠商釋出智慧音響，在現場演示環節無法正確辨識演示者的意圖，讓人啼笑皆非；另一方面也在於人們對人工智慧的認知和當前技術發展的程度不符，人們認為「人工智慧」會像人一樣去做決策，甚至在很多場景下替代人。若我們能夠對智慧體每一步行動的原因進行查看，進一步了解人工智慧是如何執行的，會逐步建立信任，並修復認知上的「偏見」，從而讓使用者能夠逐步接受人工智慧產品。

### 3. 指導演算法最佳化

由於人工智慧需要透過回饋來不斷最佳化效果，這種效果展現在辨識的準確率以及面向使用者提供服務的個性化程度上，因此演算法工程師在最佳化的過程中，當人工智慧做出一些不符合預期的動作時，可以從這些「壞例子」中總結後續最佳化的方法，來不斷提高人工智慧服務的滿意度。

第 5 章　AI 應用的挑戰與未來展望

## 5.3.7　賦能傳統行業的轉型升級

　　大家或許認為目前應用人工智慧最多的是網路行業，但真相是：**傳統行業如電信、能源、基礎設施、製造業以及航空航太，內含巨量的數據，只不過這些數據的儲存方式不如網路行業的數據方便使用，且數據分散。**

　　傳統行業數據管理涉及隱私和法律問題，數據的許可權劃分和歸屬等問題，是影響人工智慧應用的關鍵；數據隱私保護與人工智慧結果的「可解釋性」，也是人工智慧與傳統行業結合需要攻克的困難點。人工智慧對這些傳統行業而言，可透過巨量數據來提升效率，創造更多價值。例如對於工業製造，人工智慧會把工廠改造得更敏捷和客製化，可實現生產設備、價值鏈、供應鏈的數位化連接和高度協同，使生產系統具備敏捷感知、即時分析、自主決策、精準執行、學習提升等能力，全面提升生產效率。

　　人工智慧在傳統行業中應用的場景，可分成以下六大類型。

### 1.「路徑」規劃

　　如電力、物流運輸，人為規畫、調控大規模的運輸網路，會帶來大量的人力成本，人也會受到自身視角局限，難以做到全局的最佳化調控。

### 2. 機器輔助人工體力工作

　　工業的製造生產線、農業灌溉場景，這些勞動力密集型的地方，都存在人工的重複體力工作，透過人工智慧和機械設備結合，不僅可以節省人力成本，還能夠提高操作的標準化程度和效率。

### 3. 硬體、系統維護

目前這類維護性質工作主要由人工定期進行檢查，對裝置訊號、執行情況進行數據採集，以及使用相關感測器蒐集環境、硬體狀態的外部資訊，可以透過人工智慧演算法來發現這些數據的波動和異常情況，用來作為人工檢查的前置項目，進而減少在這些場景內人力成本的投入。

### 4. 安全防護

在安全防護場景下，比如企業門禁、道路監控等，也是非常適合人工智慧應用的。藉助人工智慧人臉辨識、行為辨識等圖像相關演算法，透過人工智慧攝影機來監測潛在的安全風險，即時分析影片內容，探測異常資訊來進行風險預測。

### 5. 自動化生產線

在製造業的生產線上，原先人工操作串聯生產環節，其工作具備重複性高、機械化的特點。面向提升產能、合格率以及縮短訂單的交付週期，未來的製造業生產流程將是模組化的，透過全數位化的方式應用。

### 6. 產品設計和最佳化

比如透過對機床等硬體加工的控制，對硬體加工的成型產品的產品設計進行最佳化，由人負責的部分，將會是輸入需要滿足的條件，比如風阻系數、硬度等，由人工智慧完成產品形狀、材料在最低生產成本的目標下進行生產；同樣對於產品建模後的實驗和最佳化環節，也將透過數位化的方式實現，模擬產品的使用環境，然後透過演算法來進行最佳化和發現問題。

## 第 5 章　AI 應用的挑戰與未來展望

## 本章結語

　　人工智慧就像人類的一面鏡子，它會從數據中毫無保留地學習人類的偏見認知，但這些事實，並不是我們想看見的，或者說「實話」是會傷人的，這種不公平，比人為偏見和不公隱晦得多。隨著人工智慧的發展，這些問題的暴露都使演算法工程師需要更全面地考量場景下的邊界條件和倫理、隱私等大眾關心的問題。「技術」是沒有偏見的，「數據」中隱含的人為偏見，將會隨著技術的發展而逐步透過技術的方法解決。

　　除了文中介紹人工智慧應用的七大方向外，人工智慧的未來將會有更多的可能性，比如本章介紹的人工智慧對數據的依賴，目前諸如「小樣本學習（few-shot learning）」的方法，正在獲得突破。想像一下，未來一個家庭機器人可以完成這樣的任務：向它展示一個新物體（且只展示一次），之後它便可以辨識這個物體。

　　未來人工智慧的發展將超乎我們的想像，人工智慧將會成為我們工作上的同伴、生活中的幫手，甚至成為一個你的朋友……曾幾何時，也有人對網路的發展感到恐慌和擔憂，過度擔憂和焦慮反而會束縛我們的「手腳」，智慧時代的到來，需要我們轉換思維、適應未來，需要我們對人工智慧有信心，能夠走近、使用人工智慧，甚至嘗試用人工智慧技術解決遇到的問題。

## 參考文獻

[1] TESLA. Tesla vehicle safety report [R/OL]. [2023-07-11]. https：// www.tesla.com/VehicleSafe- tyReport.

[2] VASWANI A，SHAZEER N，PARMAR N，et al.Attention is all you need[J].ArXiv，2017：6000-6010.

[3] KNIGHT W，DeepTech 深科技（mit-tr）.人工智慧內心深處的「黑暗祕密」[J].競爭情報，2017（5）：15-18.

# 第 5 章　AI 應用的挑戰與未來展望

# 後記

　　人工智慧在快速發展中正在積極地影響社會、生活的各個方面，它是技術創新的產物，同時也是因社會為進一步提高生產效率、高品質發展而誕生的。人工智慧目前已經成為新一輪科技變革的核心驅動力，很多國家／地區都把它視為提升國家／地區競爭力、經濟成長的策略型技術。在工業領域，我們看到透過人工智慧視覺技術實現更精準定位的機械手臂，透過人工智慧對零件加工流程進行最佳化；在醫療領域，有人工智慧用於輔助醫生對慢性病進行風險預測、人工智慧輔助藥物研發；在安全防護領域，有 24 小時工作的智慧安全防護機器人；在出遊領域，無人駕駛的公共汽車、小客車也已經上路測試；在能源領域，有預測石油管道異常、風機設備故障檢測的人工智慧應用……在日常生活中，我們也看到了智慧家居、行動支付等領域中，圖像辨識、語音辨識等人工智慧技術的應用。在未來的各個方面，人工智慧還會在更多與我們生活息息相關的領域中發揮出更顯著的作用，使我們的生活更便利。

　　**面對人工智慧，你應該怎麼做？**

　　人工智慧是新型的生產力，在各種領域的場景下，對提高效率、提高品質、降低成本的訴求，都推動著人工智慧應用，面對這種大勢所趨，我們應該怎麼做？

　　**如果你打算深入學習技術**（見圖 1），**並作一名人工智慧應用的實踐者**，第一步就是對數學基礎知識的學習，人工智慧基礎技術實現的邏輯

# 後記

是基於高等數學、線性代數和機率論的知識,如果這些知識不夠牢固,你很可能看不懂相關演算法模型的論文和裡面的公式,也就很難學習。很多機器學習的演算法都是建立在機率論和統計學的基礎上,如貝葉斯分類器、支援向量機等。而透過數據對場景進行抽象,則要學習線性代數,其重要性展現在清楚描述問題及對分析求解的過程。

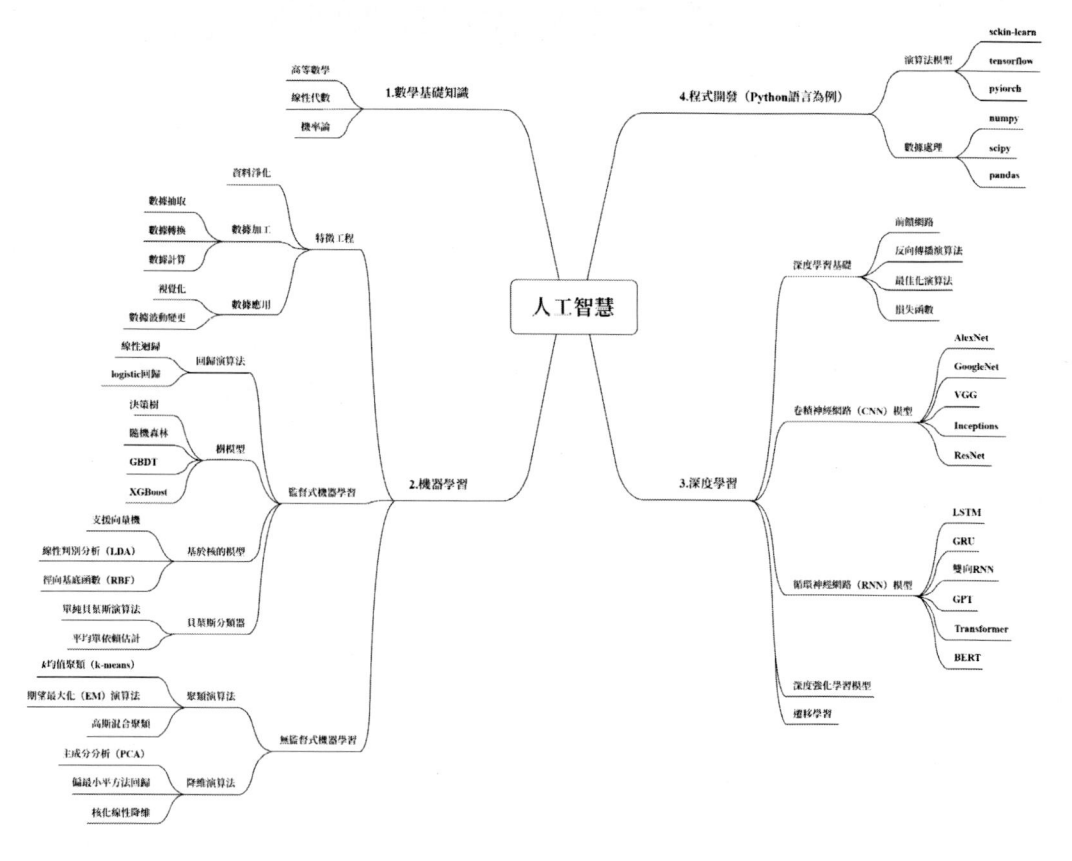

圖1 人工智慧技術學習路線圖

第二、三步需要對「機器學習」和「深度學習」相關的演算法模型進行學習，不同的演算法模型所依賴的數學原理和假設條件是不一樣的，不同的演算法模型有其優缺點，對演算法的學習可以讓你能夠抽象場景的條件和數據之後，知道哪種演算法是適合應用的。演算法的學習可以由淺入深，逐步深入。比如在「機器學習」方面，可以從簡單的「線性回歸」開始，逐步深入到對不同模型的學習。

　　第四步，程式設計開發，在演算法學習中很重要的一點就是一定要動手實踐，了解具體演算法的程式碼是怎麼做的，這樣才能在掌握原理的同時，知道它的實現細節。演算法的實現可以先透過如 Github 上的開源模型，結合一些公開的數據集做實驗，來動手訓練模型。程式碼程式設計可以從 Python 語言做起，其中無論是數據的處理、加工，還是模型的建模，都有封裝好已經實現的庫，可以直接呼叫實現，閱讀這些封裝好的程式碼庫中的原始碼，也是快速了解、學習演算法的方式之一。

　　**如果你打算了解技術和場景如何結合，做一名人工智慧應用的推進者**，那麼你需要了解每種具體演算法的應用場景、適用範圍，知道每種演算法是用來解決哪些問題、模型的輸入和輸出是什麼，同時也需要對人工智慧應用的領域有足夠的了解學習，這樣才能按照書中介紹的步驟拆解場景（可按本書最後的應用步驟範本拆解），找到適合人工智慧應用的環節，並能評估人工智慧在場景中應用的價值。在這裡也需要了解不同演算法應用所需要的軟、硬體成本，關注應用的投入／產出比，這樣才能夠真正辨識有價值的應用點，並說清楚人工智慧帶來的效益。

　　你還需要熟悉人工智慧應用的主流應用場景，如圖 2 中列舉的例子，這些場景中的技術往往已經很成熟，有各式各樣的開源實現方案可

## 後記

以借鑑，同時也是宏觀環境所引導的主流方向，更能夠說清楚人工智慧的價值，因此在應用的時候遇到的阻力會更小。

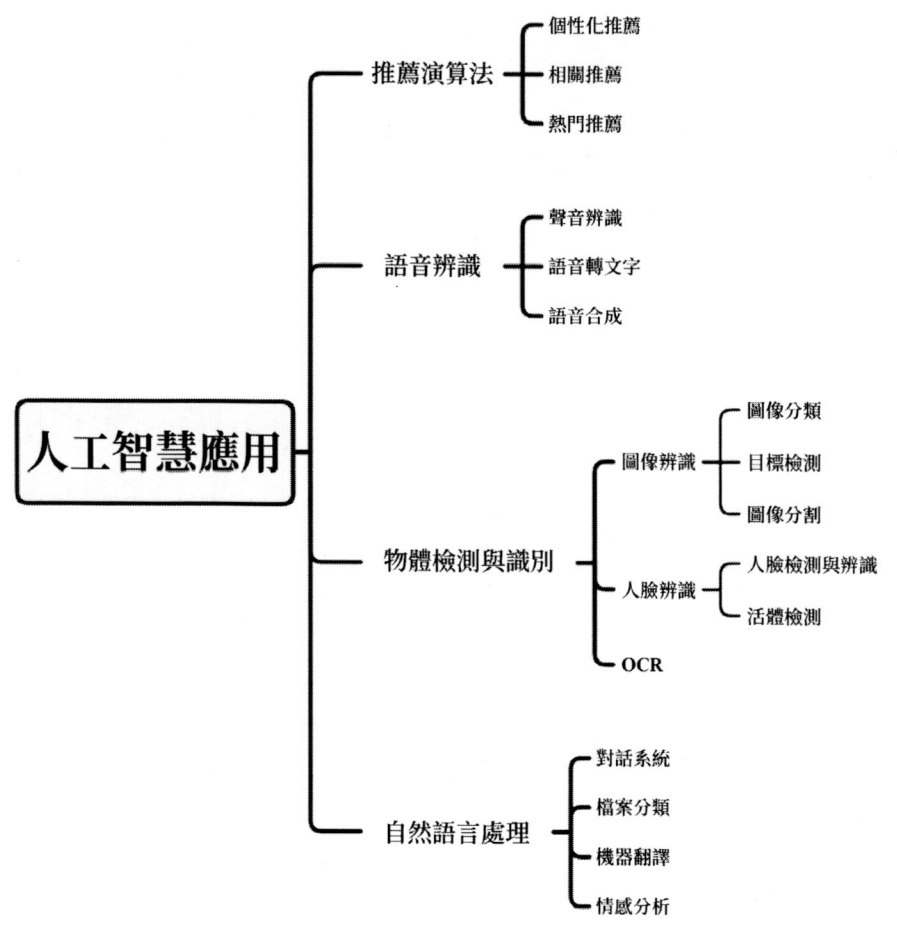

```
人工智慧應用
├─ 推薦演算法
│    ├─ 個性化推薦
│    ├─ 相關推薦
│    └─ 熱門推薦
├─ 語音辨識
│    ├─ 聲音辨識
│    ├─ 語音轉文字
│    └─ 語音合成
├─ 物體檢測與識別
│    ├─ 圖像辨識
│    │    ├─ 圖像分類
│    │    ├─ 目標檢測
│    │    └─ 圖像分割
│    ├─ 人臉辨識
│    │    ├─ 人臉檢測與辨識
│    │    └─ 活體檢測
│    └─ OCR
└─ 自然語言處理
     ├─ 對話系統
     ├─ 檔案分類
     ├─ 機器翻譯
     └─ 情感分析
```

圖 2 人工智慧應用場景舉例

從當前人工智慧的技術體系來看，人工智慧本身是一個場景創新的工具，透過人工智慧，可以完成各個行業領域的創新，不斷提高效率和

品質，並能夠降低原先的人工、時間成本。對學生和職場人來說，學習並掌握人工智慧，是有效提升自身職場價值和技術深度的方法之一，藉助人工智慧的能力，你能夠發現很多值得應用人工智慧的場景，並透過不斷地創新來提高自身的價值；對企業而言，人工智慧能增強企業的競爭力和提高員工滿意度，將原先重複、無聊的手工工作，變成自動化生產線，並將危險係數高的工作，交由人工智慧去處理。

希望透過閱讀本書，你能夠正視人工智慧技術，既不要覺得它高高在上、不貼近日常生活，又不要過於擔心它對我們的工作所帶來的影響，逐步學習、應用人工智慧技術來找到自己的價值。

限於筆者能力和經驗，書中難免有不足之處。我希望這本書是一個交流的平臺和管道，助希望走近人工智慧的讀者能夠向人工智慧更「近」一步。技術只有和實際的場景結合才能發揮價值，我和你一樣也在學習、應用人工智慧的過程中。如果你發現了書中的錯漏，歡迎隨時指正。讓我們一起學習人工智慧，正確應用人工智慧。

王海屹

# 後記

應用步驟

| 步驟 | 子步驟 | | 說明 |
|---|---|---|---|
| 一、定點<br>確定場景中的應用點 | 任務拆分 | | |
| | 找到具體環節 | | |
| | 確定「輸入」、「輸出」 | | |
| | 確定使用條件和限制 | | |
| 二、互動<br>確定互動方式和使用流程 | 對已有產品升級 | | 數據一致性<br>結構一致性<br>場景、目標使用者一致性 |
| | 替換原來的解決方案 | | |
| | 原有產品遷移到新場景 | | |
| 三、數據<br>數據的蒐集及處理 | 採集 | | 來源：感測器、攝影設備、麥克風、數據庫 |
| | 處理 | 預處理 | 處理重複／缺失值 |
| | | | 處理異常值 |
| | | | 標準化／歸一化 |
| | | | 文字類型內容預處理 |
| | | | 圖像類型內容預處理 |
| | | 特徵工程 | 特徵處理（升維／降維） |
| | | | 特徵選擇（相關性、資訊增益、發散程度、訓練和測試） |
| | 回饋 | | |
| 四、演算法<br>選擇演算法及模型訓練 | 任務類型 | | 感知型還是認知型？ |
| | 訓練（輸入）數據 | | |
| | 根據任務目標（輸出數據） | | |
| | 場景約束條件 | | |
| | 演算法數據指標 | | |

| 步驟 | 子步驟 | | 說明 |
|---|---|---|---|
| 五、實施<br>人工智慧系統<br>實施／部署 | 設定監控／預警模組 | | 服務狀態 |
| | | | 系統輸入數據 |
| | | | 實際表現 |
| | | | 系統用量指標 |
| | 系統保證方案 | 異常情況檢查 | 非常規數據輸入 |
| | | | 非正常場景中使用 |
| | | 保證方案制定 | 預留可隨時切換的備用系統 |
| | | | 手工定義處理規則 |
| | 正確性驗證 | | A/B 測試（測試數據、參照數據） |
| | 效能驗證 | | 執行速度 |
| | | | 精準度 |
| | | | 回應時間 |
| | | | 系統完整連結 |

# AI 應用全解，跨越技術與生活的邊界：
場景、技術、人性思考……融入生活與產業，全面理解 AI 的技術與應用脈絡

| | |
|---|---|
| 作　　者： | 王海屹 |
| 發 行 人： | 黃振庭 |
| 出 版 者： | 機曜文化事業有限公司 |
| 發 行 者： | 機曜文化事業有限公司 |
| E-mail： | sonbookservice@gmail.com |
| 粉 絲 頁： | https://www.facebook.com/sonbookss |
| 網　　址： | https://sonbook.net/ |
| 地　　址： | 台北市中正區重慶南路一段 61 號 8 樓<br>8F., No.61, Sec. 1, Chongqing S. Rd., Zhongzheng Dist., Taipei City 100, Taiwan |
| 電　　話： | (02)2370-3310 |
| 傳　　真： | (02)2388-1990 |
| 印　　刷： | 京峯數位服務有限公司 |
| 律師顧問： | 廣華律師事務所 張珮琦律師 |

-版 權 聲 明-

本書版權為機械工業出版社有限公司所有授權機曜文化事業有限公司獨家發行繁體字版電子書及紙本書。若有其他相關權利及授權需求請與本公司聯繫。

未經書面許可，不可複製、發行。

定　　價：420 元
發行日期：2025 年 07 月第一版
◎本書以 POD 印製

**國家圖書館出版品預行編目資料**

AI 應用全解，跨越技術與生活的邊界：場景、技術、人性思考……融入生活與產業，全面理解 AI 的技術與應用脈絡 / 王海屹 著 . -- 第一版 . -- 臺北市：機曜文化事業有限公司，2025.07
面；　公分
POD 版
ISBN 978-626-99831-1-7( 平裝 )
1.CST: 人工智慧
312.83　　　　114008147

電子書購買

爽讀 APP　　　　臉書